슈바르츠실트가 들려주는 블랙홀 이야기

슈바르츠실트가 들려주는 블랙홀 이야기

ⓒ 송은영, 2010

초 판 1쇄 발행일 | 2006년 6월 23일
개정판 1쇄 발행일 | 2010년 9월 1일
개정판 12쇄 발행일 | 2021년 5월 31일

지은이 | 송은영
펴낸이 | 정은영
펴낸곳 | (주)자음과모음

출판등록 | 2001년 11월 28일 제2001-000259호
주   소 | 04047 서울시 마포구 양화로6길 49
전   화 | 편집부 (02)324-2347, 경영지원부 (02)325-6047
팩   스 | 편집부 (02)324-2348, 경영지원부 (02)2648-1311
e-mail | jamoteen@jamobook.com

ISBN 978-89-544-2090-7 (44400)

슈바르츠실트가
들려주는

블랙홀 이야기

| 송은영 지음 |

|주|자음과모음

슈바르츠실트를 꿈꾸는
청소년들을 위한 '블랙홀' 이야기

세상에는 두 부류의 천재가 있다고 합니다. 한 부류는 기발하고 독창적인 사고력을 지니고 있어서, 우리와 같은 평범한 사람들이 결코 따라갈 수 없는 천재입니다. 그리고 또 한 부류는 우리도 끊임없이 노력하면 그와 같이 될 수 있을 것 같은 천재입니다.

첫 번째의 경우로는 아인슈타인이 대표적입니다. 이런 사람은 한 세기에 한 명 나올까 말까 한 뛰어난 두뇌를 지니고 있는 천재로 인류 문명에 새로운 물꼬를 터 줍니다. 그러면 우리도 될 수 있을 것 같은 천재들이 그 뒤를 이어서 인류 문명에 새로운 활력을 왕성하게 불어넣어 주는 것이지요.

이런 두 부류의 천재들에게서 남다르게 나타나는 것이 바로 '빛나는 창의적 사고'입니다.

빛나는 창의적 사고와 직접적으로 연관이 있는 것은 '생각하는 힘'입니다.

이 책은 블랙홀에 대한 이야기를 하고 있습니다. 블랙홀은 아인슈타인의 일반 상대성 이론이 내놓은 최고의 걸작 중 하나로, 검디검은 미궁 속에 삼라만상을 가두어 놓고 있는 신비의 천체입니다.

이 글을 통해 여러분은 블랙홀에 대한 전반적인 내용을 두루 접하게 될 것입니다. 블랙홀이 어떻게 탄생하는지, 퀘이사와 블랙홀은 어떤 관계인지, 중성자별과 블랙홀은 어떤 차이가 있는지, 블랙홀은 어떻게 확인하고 검증하는지, 그리고 블랙홀 속으로 뛰어들면 어떤 현상이 나타나는지 가늠할 수 있게 될 것입니다.

마음의 빚이 될 만큼 한결같이 저를 지켜봐 주는 여러분과 함께 이 책이 나오는 소중한 기쁨을 나누고 싶습니다. 책을 예쁘게 만들어 준 (주)자음과모음 편집자들에게도 고마움을 전합니다.

송은영

차례

1

블랙홀의 탄생

블랙홀은 어떻게 탄생할까요?
블랙홀이 태어날 수 있었던 상상의 기틀을 알아봅시다.

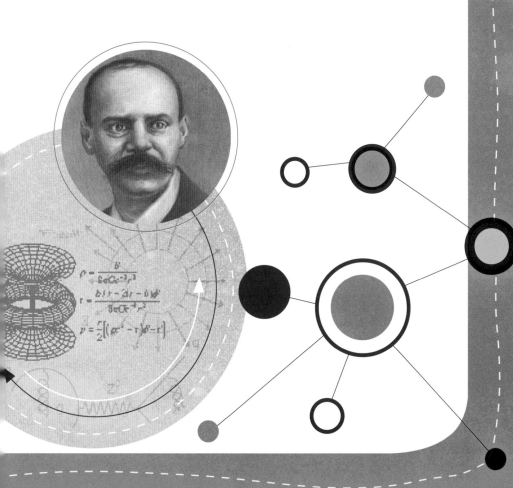

1

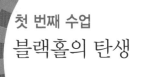

첫 번째 수업

블랙홀의 탄생

슈바르츠실트가
아인슈타인에 대한 이야기로
첫 번째 수업을 시작했다.

요절한 천재 학자

아인슈타인(Albert Einstein, 1879~1955)은 중력장 방정식을 발표했습니다. 중력장 방정식은 엄청나게 어려운 방정식이지요. 물리학의 역사에서 이보다 어려운 방정식은 없었습니다.

그런데 이 어려운 방정식의 하나를 나, 슈바르츠실트가 1916년에 최초로 풀어냈습니다. 놀라운 일이지요?

나는 계산 결과를 아인슈타인에게 보냈습니다. 아인슈타인은 매우 놀라워했고 동시에 기뻐했습니다. 그는 곧바로 나에

세상에서 가장 어려운 방정식은 중력장 방정식입니다.

아인슈타인

게 답장을 보내왔습니다.

"당신이 보내 준 논문을 매우 흥미있게 읽었습니다. 나는 이렇게 간단한 방법으로 중력장 방정식의 해를 유도해 낼 수 있으리라고는 감히 생각지 못했습니다."

나, 슈바르츠실트(Karl Schwarzschild, 1873~1911)는 독일의 천체 물리학자입니다. 나는 얼마든지 병역을 피할 수 있었습니다. 내가 쌓은 학문적인 업적이 화려했거든요. 그러나 나는 그렇게 하지 않았습니다. 나는 조국을 사랑하는 사람이었으니까요.

하지만 1차 세계 대전이 일어나 러시아에 머무는 동안 나는 고치기 어려운 피부병에 걸리고 말았습니다. 피부에 물집이 생겼다가 터지면서 출혈과 통증을 유발하는 질병이었지요. 병은 점점 악화되었고, 나는 병가 처리되어 고향으로 돌아왔습니다. 그러나 결국 두 달 만에 세상을 떠나고 말았지요. 나는 요절한 천재 학자인 셈입니다.

나는 블랙홀의 존재를 예견하는 답을 최초로 구했습니다. 그런데 우연이라고 할까, 아니면 운명이라고 할까! 내 이름은 이미 '검은 구멍'을 뜻하고 있었습니다.

내 이름은 슈바르츠(Schwarz)와 실트(Schild)로 나눌 수 있

내 이름은 검은 구멍을 뜻합니다.
Schwarz는 검다, Schild는 방패란 뜻으로,
블랙홀이란 뜻입니다.

습니다. Schwarz는 '검다', Schild는 '둥근 방패'란 의미이지요. 따라서 Schwarzschild는 검은 방패, 이른바 블랙홀을 의미하는 것이지요.

뉴턴의 블랙홀

블랙홀은 중력의 산물입니다. 뉴턴은 이렇게 말했습니다.
"모든 물질은 서로 잡아당기는 힘이 있습니다. 이것을 중력이라고 합니다."
여기서 사고 실험을 하겠습니다.

블랙홀은 중력의 산물입니다.

뉴턴

사고 실험은 생각으로 하는 실험입니다. 실험 기기를 이용해서 하는 실험이 아니라, 우리의 머리를 활용해서 멋지게 결론을 유도해 내는 상상 실험이지요. 사고 실험은 창의력과 사고력을 쑥쑥 키워 주는 창조적 실험이랍니다.

빛은 입자로 이루어집니다.
입자는 물질입니다.
그러므로 중력의 영향을 받을 것입니다.
이것은 빛이 질량이 있는 쪽으로 끌릴 것이란 뜻입니다.

끌린다는 것은 당겨지고 휘어진다는 의미입니다. 빛이 휠 수 있다는 생각은 블랙홀을 상상하는 첫 실마리입니다. 모든 사물을 영영 빠져나오지 못하게 가두는 실체가 블랙홀이기 때문입니다.

그러나 뉴턴의 생각은 이 이상을 넘지 않았습니다. 빛이 휠 가능성에 확신을 준 것까지가 블랙홀 연구에 대한 그의 공헌 전부입니다.

블랙홀에 대한 뉴턴의 공헌은 빛이 휠 가능성을 확신시켜 준 데까지입니다.

라플라스의 상상

프랑스의 이론 물리학자인 라플라스(Pierre Laplace, 1749~1827)는 빛을 잡아먹을 수 있는 천체를 상상한 최초의 과학자

가운데 한 사람입니다. 라플라스는 어떤 합리적 시각에서 빛
이 빠져나오지 못하는 천체를 생각해 낸 걸까요?

공을 쏘아 올립니다.

공은 솟아오른 후 바닥으로 떨어집니다.

공은 왜 계속 날아오르지 못하고,

다시 땅으로 곤두박질치는 것일까요?

지구가 공을 잡아당기는 힘, 중력 때문입니다.

그러면 지구의 중력을 이겨 낼 수 있는 속도로

공을 발사하면 어떻게 될까요?

그래요, 공이 떨어지는 일은 없을 것입니다.

탈출 속도는 천체의 중력을 이기고 빠져나갈 수 있는 속도입니다. 그 천체가 지구이면 지구 탈출 속도, 목성이면 목성 탈출 속도, 태양이면 태양 탈출 속도가 됩니다. 태양계 여러 행성의 탈출 속도는 다음과 같습니다.

라플라스의 상상은 여기서 그치지 않았습니다. 그는 보이지 않는 신비의 천체가 생길 수 있는 조건을 구체적으로 그려 보았습니다.

태양계 천체	탈출 속도(km/s)
달	2.4
지구	11.2
목성	59.5
태양	61.8

사고 실험을 계속해 보죠.

지구의 탈출 속도는 초속 11.2km입니다.

반면 광속은 초속 30만 km입니다.

지구 탈출 속도보다 무려 2만 7,000배가량 빠른 속도입니다.

지구보다 2만 7,000배 큰 지름을 갖는 천체의 탈출 속도는 광속에

이를 것입니다. 30만 ÷ 11.2 = 2만 7,000쯤이니까요.

지구의 지름보다 2만 7,000배 이상 큰 지름을 갖는 천체가 있다면,

그 천체의 탈출 속도는 광속 이상입니다.

탈출 속도가 광속 이상이라는 것은

그 천체에서는 빛도 빠져나오지 못한다는 얘기입니다.

빛이 빠져나오지 못하니 그 천체는 검게 보일 것입니다.

지구의 지름보다 27,000배 이상인 천체는
검게 보일 겁니다.

라플라스

라플라스는 이러한 상상을 통해서
블랙홀이 존재할 가능성을 예측했던 것입니다.

블랙홀에 대한 또 다른 상상

블랙홀을 상상하는 또 하나의 방법은 천체를 찌부러뜨리는
것입니다.
사고 실험을 하겠습니다.

중력이 지구를 사방에서 짓누르고 있습니다.
전후좌우에서 압력을 받은 지구는 그 힘을 버티지 못하고 눌립니다.
지구의 평균 반지름은 6,400여 km입니다.
지구의 반지름이 반으로 줄어듭니다.
중력이 더욱 강하게 지구를 압축합니다.
지구는 이내 콩알만 한 크기까지 급속히 찌부러집니다.

지구가 콩알만 하게 작아진다고요? 당연히 받아들이기 어
려운 생각입니다. 그러나 내가 중력장 방정식을 풀어서 내놓
은 해는 이것이 가능하다는 것을 보여 주었습니다.

지구가 블랙홀이 되려면
콩알만 한 크기로 줄어야 합니다.

내가 내놓은 결과에 따르면, 지구가 블랙홀이 될 수 있는 크기는 반지름 1cm가량입니다. 지름으로 따지면 2cm가량이니 말 그대로 콩알만 한 크기입니다.

그러면 태양은 얼마로 줄어야 블랙홀이 될 수 있을까요?

사고 실험으로 그 답을 알아봅시다.

질량이 무거울수록 중력은 강하지요.

질량과 중력은 비례하기 때문입니다.

태양은 지구보다 30만 배쯤 무겁습니다.

그러니 태양의 블랙홀 크기는 지구의 30만 배가량일 것입니다.

지구의 블랙홀 크기는 반지름이 1cm 남짓입니다.

태양이 블랙홀이 되려면
반지름이 3km로 줄어야 합니다.

이 값에 30만을 곱하면 30만 cm가 됩니다.

30만 cm는 3,000m, 즉 3km입니다.

반지름을 3km로 줄이면 태양은 블랙홀이 되는 것입니다.

모든 물질이 서로 잡아당기는 힘을 중력이라고 하지요. 물론 빛의 입자도 물질이므로 중력의 영향을 받을 겁니다.

저는 여기까지입니다. 그리고 100년이 더 지난 뒤에 라플라스 선생님이 새로운 사실을 밝히셨지요.

저는 빛을 잡아먹을 수 있는 천체를 상상한 최초의 과학자랍니다.

공이 지구를 탈출하기 위해서는 초속 11.2km로 날아가야 합니다. 그럼 지구보다 2만 7,000배 이상의 큰 천체에서의 탈출 속도는 광속(초속 30만 km) 이상일 것입니다.

탈출 속도가 광속 이상이라는 것은 빛도 빠져나오지 못한다는 얘기입니다. 그럼 그 천체는 검게 보이겠죠. 저의 뒤를 이어 슈바르츠실트 선생님이 설명해 줄 거예요.

만약 중력이 지구를 사방에서 짓누르고 있다고 합시다.

중력이 더욱 강하게 지구를 압축하면 이내 콩알만 한 크기가 될 것입니다. 내가 내놓은 결과에 따르면, 지구가 블랙홀이 될 수 있는 크기는 반지름 1cm가량입니다.

질량과 중력은 비례하기 때문에 태양의 블랙홀 크기를 구할 수 있습니다. 태양은 지구보다 30만 배가량 무겁습니다. 그래서 태양이 블랙홀이 되려면 반지름이 대략 3km로 줄어들어야 합니다.

2

퀘이사와 블랙홀 연구

퀘이사는 왜 수수께끼 천체일까?
퀘이사와 블랙홀은 어떤 관계인지 알아봅시다.

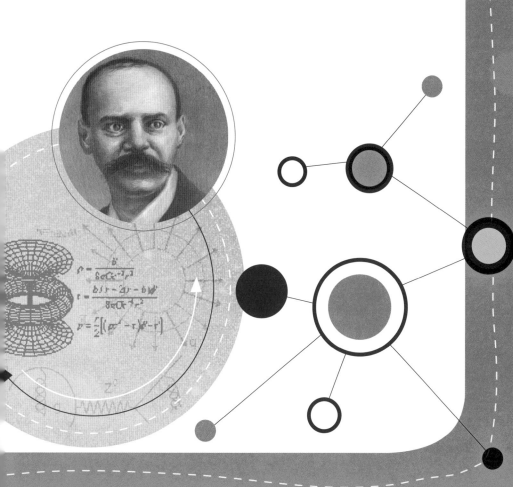

두 번째 수업

퀘이사와 블랙홀 연구

슈바르츠실트의
두 번째 수업은 수수께끼
천체에 대한 이야기로 시작되었다.

수수께끼 천체

블랙홀의 연구가 활발해지기 시작한 것은 1960년대에 들어서입니다. 이른바 퀘이사(Quasar)라고 부르는 수수께끼 천체를 포착하고 나서부터입니다.

전파 망원경은 멀리 떨어진 천체의 형태와 위치를 선명하고 정확하게 잡아내는 일을 가능하게 만들었습니다. 천체 물리학자들은 전파 망원경으로 우주 곳곳을 살펴보았습니다.

그러던 1960년대 초, 그들의 전파 망원경에 기묘한 천체가

다수 관측되었습니다. 이것은 일반적인 별로서는 엄두도 못
낼 강한 전파를 방출하는 수수께끼 천체였습니다.

1963년에야 이 수수께끼 천체의 비밀을 알 수 있는 결정적
인 단서가 나왔습니다. 물리학자 슈미트(Adolf Friedrich Karl
Schmidt, 1680~1944)는 수수께끼 천체 중 하나인 3C273의 스
펙트럼을 놓고 고민하고 있었습니다.

3C273의 스펙트럼에는 여러 종류의 원소가 다양한 폭으로
늘어져 있었습니다.

"스펙트럼이 왜 이렇지?"

스펙트럼 속 원소의 배열이 기존의 별들이 보여 주는 것과
는 판이하게 달랐습니다. 슈미트는 스펙트럼 속 원소를 하나

원소 배열이 기존의 별들이
보여 주는 것과는 너무도
다른데?

하나 검토해 보았습니다.

그러나 그것에 대한 해답은 곧바로 나오지 않았습니다. 그렇게 고민하며 지내던 어느 날, 불현듯 그의 뇌리를 스치는 생각이 있었습니다.

"적색 이동이야!"

적색 이동

적색 이동이란 무엇일까요?

사고 실험을 해 보겠습니다.

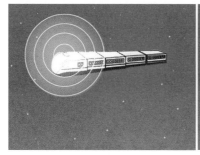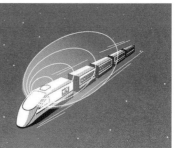

3C273행 우주 열차가 지구 상공에 떠 있습니다.

우주 열차의 중앙 상단에 전구가 매달려 있습니다.

전구가 번쩍거리며 불빛을 내보냅니다.

빛은 원을 그리면서 고르게 퍼져 나갑니다.

3C273행 우주 열차가 출발합니다.

우주 열차의 중앙 전구에서 불빛이 번쩍합니다.

우주 열차는 같은 속도로 나아갑니다.

불빛은 동심원을 그리며 뻗어 나가고 있습니다.

그런데 이게 어찌 된 일인가요?

불빛의 파형이 우주 열차가 정지해 있던 때와는 사뭇 다르군요!

우주 열차가 등속 이동을 하자, 열차의 불빛은

폭이 일정치 않은 파형으로 변해 버린 것입니다.

왜 이런 결과가 나타난 걸까요? 보트가 강 위를 신나게 달리는 상황을 상상해 봅시다.

보트가 강에 떠 있어요.

보트가 전진해요.

강에는 물결이 일어요.

물결 사이의 간격이 일정하지 않아요.

보트가 나아가는 쪽은 점점 줄어드는 반면, 그 반대쪽은 계속 넓어져요.

바로 이와 같은 결과가 이동 중인 우주 열차의 불빛에도 그대로 적용이 된 것입니다. 우주 열차의 앞쪽 불빛 파동은 간격이 조밀해지는 반면, 뒤쪽은 듬성듬성해지는 거지요.

불빛 파동의 간격이 변한다는 것은 빛의 파장이 변한다는 의미입니다. 빨주노초파남보의 가시광선 중에서 파장이 긴 파(장파)는 붉은색 쪽이고, 짧은 파(단파)는 푸른색 쪽입니다. 그래서 물체가 멀어지면 파장이 긴 적색 쪽으로 치우친(적색 이동) 빛이 관측되고, 다가오면 파장이 짧은 청색 쪽으로 치우친(청색 이동) 빛이 관측되는 것입니다.

멀어진다 ― 파장이 길어진다 ― 붉은색 ― 적색 이동
다가온다 ― 파장이 짧아진다 ― 푸른색 ― 청색 이동

이 현상을 빛의 도플러 효과라고 합니다.

빛의 도플러 효과를 이용하면 천체가 지구로부터 멀어지고 있는지, 다가오고 있는지 알아낼 수 있습니다. 예를 들어, 어떤 별이나 은하가 방출한 빛의 스펙트럼을 분석해서 파장이 긴 적색 쪽으로 이동한 결과를 얻게 되면, 그 천체는 지구로부터 후퇴하고 있는 것이지요. 반대로 파장이 짧은 청색 쪽으로 이동한 결과를 얻게 되면, 그 천체는 지구 쪽으로 다가오고 있다는 결론을 내릴 수가 있는 겁니다.

슈미트의 해석

3C273의 스펙트럼에 대해 슈미트가 해결책으로 내놓은 원리가 바로 빛의 도플러 효과였습니다.

'스펙트럼이 붉은색 쪽으로 치우쳤으니, 천체 3C273이 지구에서 점점 멀어지고 있구나!'

미지의 천체 3C273은 적잖은 빠르기로 후퇴하고 있었던 것입니다. 슈미트는 3C273의 후퇴 속도를 계산해 보았습니다. 이 천체는 광속의 16%에 달하는 굉장한 속도로 이동하고 있었습니다.

물체가 멀어지면 적색 이동,
다가오면 청색 이동이 관측되지요.

우주가 팽창 중이라는 사실도 빛의 도플러 효과를 통해서 알게 되었지요.

다가올 때 음의 높이가 높아지고

애 애 애 ~ 어

멀어져 갈 때 음의 높이가 낮아진다.

애 애 애 ~ 어

도플러 효과

　슈미트는 관측 자료를 이용해 3C273까지의 거리를 구해 보았습니다. 20억 광년이란 믿기 힘든, 엄청난 거리가 나왔습니다. 1광년은 빛이 1년 동안 날아가야 하는 거리이니, 20억 광년은 빛이 20억 년을 날아가야 하는 거리입니다.

　슈미트는 동료인 그린슈타인에게 이 결과를 알렸습니다. 이에 그린슈타인은 또 다른 천체 3C48의 스펙트럼을 즉각 조사했습니다. 3C273에서 관측된 적색 이동 현상이 여기서도 나타났는데 그 결과는 더욱 놀라웠습니다. 3C48은 광속의 37%에 버금가는 속도로 멀어지고 있었던 것입니다.

　"대단한걸."

　슈미트와 그린슈타인은 자신들의 발견에 스스로 고무되었

습니다. 사실 슈미트와 그린슈타인의 발견은 제2차 세계 대전 이후, 미운 오리 새끼처럼 철저히 외면당해 온 천체 물리학에 생기를 불어넣어 주는 굉장한 것이었습니다.

저는 여러분과 블랙홀에 대해 이야기를 하기 위해서 왔답니다.

1960년대 초, 전파 망원경에 기묘한 천체가 다수 관측되었습니다. 이것은 일반적인 별로서는 엄두도 못 낼 강한 전파를 방출하는 수수께끼의 천체였습니다.

물리학자 슈미트는 수수께끼 천체 중 하나인 3C273의 스펙트럼을 놓고 고민하고 있었습니다. 3C273의 스펙트럼에는 여러 종류의 원소가 다양한 폭으로 늘어져 있었습니다.

스펙트럼이 왜 이렇게 됐지? 혹시 적색 이동인가?

우주 열차 위에 달린 전구 불빛은 처음에는 원을 그리며 고르게 뻗어 나갑니다. 하지만 열차가 달리기 시작하면 불빛은 동심원을 그리며 뻗어 나갑니다. 이것은 열차가 달리면서 앞쪽 불빛 파동은 간격이 좁아지는 반면 뒤쪽은 간격이 넓어지기 때문입니다.

불빛의 파동 간격이 변하는 것은 빛의 파장이 변하는 것입니다. 따라서 천체가 지구에서 멀어지면 천체에서 오는 빛이 표준 파장보다 긴 빨간색 쪽으로 이동하는 현상이 발생하는데, 이것을 적색 이동이라고 합니다.

멀어진다 - 적색이동

그리고 반대로 천체가 지구에 가까워지면 천체에서 오는 빛이 표준보다 짧은 파란색 쪽으로 이동하는 청색 이동 현상이 일어납니다. 이렇게 적색 이동과 청색 이동 현상을 일으키는 효과를 빛의 도플러 효과라고 합니다.

다가온다 - 청색 이동

슈미트는 도플러 효과를 이용해 천체 3C273이 지구에서 점점 멀어지고 있다는 것을 알게 되었고, 이후 후퇴 속도 등을 계산해 천체 3C2730이 지구로부터 20억 광년이 떨어져 있다는 것을 알아냈습니다.

3

퀘이사는 블랙홀

퀘이사는 블랙홀일까요?
퀘이사의 에너지원에 대해서 알아봅시다.

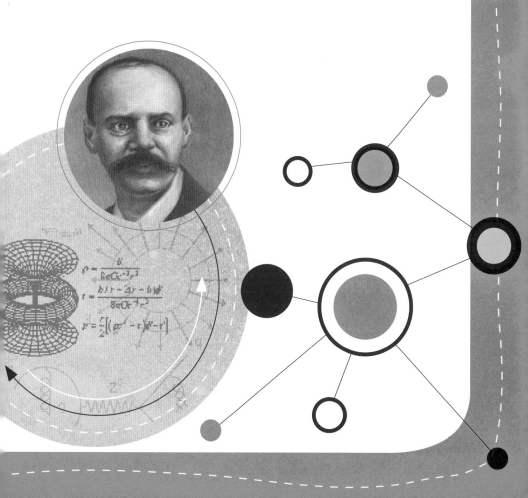

3

세 번째 수업

퀘이사는 블랙홀

슈바르츠실트가
퀘이사에 대한 이야기로
세 번째 수업을 시작했다.

신비의 천체 퀘이사

천체 물리학자들은 퀘이사가 블랙홀일 가능성이 높다는 생각을 했습니다. 그들은 어떻게 해서 이런 결론을 내렸을까요?

사고 실험을 통해 알아보겠습니다.

빛이 날아와요.

퀘이사가 방출한 빛이에요.

지구에서 퀘이사 3C273까지의 거리는 무려 20억 광년이에요.

우리 은하계의 지름은 10만 광년쯤 됩니다. 그런데 20억 광년이라니……. 우리 은하계를 2만여 개 늘어놓은 끝자락에 퀘이사 3C273이 자리해 있는 것입니다.

사고 실험을 계속해 보죠.

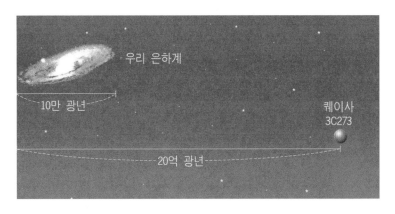

20억 광년은 빛의 속도로 20억 년을 날아가야 다다를 수 있는 무척 먼 거리예요.

그런데 우리는 퀘이사가 내보낸 빛을 탐지하고 있어요.

어디 그뿐인가요?

퀘이사가 별처럼 둥근 모양을 하고 있다는 것도 확인했어요.

이걸 어떻게 해석해야 하죠?

그래요, 단순하게 생각하자고요.

무지무지 밝으니까 그렇게 멀리 떨어져 있어도 보이는 것이라고.
관측 결과로 추정해 본 퀘이사의 밝기는,
보통의 은하가 내뿜는 밝기의 100배에서 1,000배가량 된답니다.

보통의 은하 속에는 1,000억 개가량의 별이 존재하고 있습니다. 그리고 이들은 평균적으로 태양 정도의 밝기를 지니고 있습니다. 그러므로 은하계 속 모든 별의 밝기를 합한다면, 실로 어마어마할 것입니다. 그런데 퀘이사의 밝기는 이보다 더 밝습니다. 우주가 아무리 기이한 곳이라고 해도, 하나의 별이 이처럼 엄청난 광선을 내뿜는다는 것은 정말로 믿기 어려운 일입니다.

사고 실험을 이어 가겠습니다.

퀘이사 3C273은 우리 은하 속 모든 별이 내는 빛보다
더 강한 광선을 내뿜어요.
이것은 3C273 속에 태양과 같은 별 1,000억 개 이상이
모여 있는 거나 마찬가지예요.
그러니 퀘이사를 단순한 별이라고 생각하는 것은 무리가 있어요.
3C273을 은하라고 가정하면 어떨까요?
너무 멀리 떨어져 있어서 별처럼 보이는 거라고

생각할 수도 있지 않을까요?

그래서 퀘이사의 크기를 면밀히 조사해 보았습니다. 광선이
나오는 범위가 은하와 엇비슷한 크기라면, 퀘이사의 정체는 은
하로 판명날 것입니다. 그러나 결과는 그렇지가 않았습니다.
광선이 방출되는 지역은 태양계 정도에 불과했습니다. 우리 은
하 속에서 태양계가 차지하는 넓이는 무시해도 좋을 만큼밖에
되지 않는답니다.

이것이 퀘이사의 크기입니다.

은하

퀘이사

오펜하이머를 떠올리다

20세기 후반 들어, 우주를 관측하는 기기의 성능은 혁신적으로 향상되었습니다. 그 덕분에 예전에는 아무것도 없는 것처럼 보였던 곳에서 천체의 흔적을 확인할 수 있게 되었지요. 그러한 혜택을 톡톡히 본 대표적인 천체가 퀘이사입니다.

퀘이사는 우주의 변방에 떨어져 있는 외톨이 천체가 아니었습니다. 은하의 중심에 보란 듯이 위치하고 있었던 것입니다.

사고 실험을 해 보겠습니다.

은하의 한가운데에 퀘이사가 있다면?

은하를 구성하는 별들은 중심 쪽으로 밀집해 있으니까

퀘이사는 별들의 응축체라고 볼 수 있지 않을까?

별이 극도로 밀집된 상태라면……?

퀘이사는 블랙홀!

여기서 천체 물리학자들은 오펜하이머와 그의 제자들이 1930년대 후반에 연구한 별의 중력 수축과 중력 붕괴 현상을 떠올렸습니다.

　미국의 물리학자 오펜하이머(Robert Oppenheimer, 1904~
1967)는 태양보다 무거운 질량을 가진 별이 어떻게 붕괴하는
가에 대해서 연구했습니다. 결과는 놀라웠습니다. 그 이전까
지는 알려지지 않았던 새로운 수축이 발견된 것입니다.

　기존의 학자들은 중력이 전자의 반발력을 이기기 어려울
것이라고 보았는데, 이러한 생각은 무의미해졌습니다. 전자
의 반발력은 중력이 뚫고 나갈 마지노선이 아니었던 것입니
다. 별 내부의 전자가 어마어마한 중력 수축을 이기지 못하
고 원자핵 속으로 쑥 밀려들어가 양성자와 결합해 중성자로
변했기 때문입니다.

중력이 전자의 반발력을
이기면 중성자별이
탄생합니다.

전자

핵

전자 + 양성자 → 중성자

이렇게 생긴 중성자가 원자핵 속에 이미 존재하고 있던 중성자와 합쳐져서 초고밀도의 상태로 변했습니다. 이러한 별을 온통 중성자로만 채워졌다고 해서 중성자별이라고 부릅니다. 중성자별은 그 밀도가 백색 왜성보다도 엄청나게 더 커서, 손톱만 한 크기라 할지라도 무려 10억 t의 무게가 나갑니다.

그러나 별의 종착점은 여기가 끝이 아니었습니다. 오펜하이머는 앞에서 계산한 별보다 더 무거운 별들의 중력 붕괴는 어떻게 될 것인지 계산해 보았습니다. 이들은 태양보다 3.2

중력 붕괴의 끝은 중성자별이 아닌 블랙홀이랍니다.

배 이상 무거운 별이었습니다. 오펜하이머는 그 결과에 경악을 금치 못했습니다.

별은 끝없이 수축하는 것이었습니다. 별이 쪼그라드는 것을 막을 수 있는 건 아무것도 없었습니다. 이러한 상황은 수축이라는 단어를 사용하는 것이 적절하지 않게 여겨질 만큼, 그 무너져 내림이 가히 상상을 초월했습니다. 이러한 과정을 중력 붕괴라고 합니다.

중력 붕괴의 끝은 블랙홀입니다. 오펜하이머는 블랙홀의 이론적인 존재 가능성을 예언한 것이지요. 오펜하이머의 이론은 흠잡을 데가 없었습니다. 그러므로 은하 내부에서 중력 붕괴 과정이 순탄하게 일어난다면, 자연스레 블랙홀이 만들어져야 합니다.

천체 물리학자들의 상상의 나래는 은하 중심부에서 블랙홀이 형성되는 과정을 그리는 쪽으로 급속히 나아갔습니다.

블랙홀 수억 개 이상의 에너지

천체 물리학자들은 은하의 별들을 조사하기 시작했습니다. 그 결과 다음의 사실을 알게 되었습니다.

- 은하의 중심부는 외곽 지역에 비해 별의 밀도가 100만 배나 높다.
- 은하의 중심부는 다양한 크기의 별이 많다.

은하의 중심부는 외곽 지역에 비해 별의 밀도가 100만 배나 높습니다.

이 결과로 사고 실험을 하겠습니다.

은하의 중심부에 다양한 크기의 별이 많다는 것은,

무거운 별이 존재할 확률이 그만큼 높다는 의미예요.

오펜하이머는 태양보다 월등히 무거운 별은 종국에 블랙홀이 될 수

밖에 없다고 했어요.

오펜하이머가 예측한 별들이 은하계 중심부 곳곳에 위치해 있어요.

그들은 중력 붕괴를 통해 블랙홀이 되지요.

지구가 태양 둘레를 돌 듯, 별들이 블랙홀 주위를 회전하고 있어요.

은하 속 별들이 블랙홀의 중력을 받고 있는 거예요.

별들이 블랙홀 쪽으로 당겨지고 있어요.

별들은 나선 궤도를 그리며 끌려가고 있어요.

블랙홀과 별들의 거리가 가까워지고 있어요.

별이 부서지기 시작해요.

이내 별의 구성 물질이 산산조각이 나요.

산산조각이 난 별의 구성 물질이 달궈지며 빛 에너지를 방출해요.

이것이 우리가 보는 퀘이사가 방출하는 빛이에요.

으아아아~
별 날려~

나무랄 데 없는 논리입니다. 그러나 이것으로 퀘이사가 방출하는 엄청난 양의 에너지 문제가 깔끔하게 해결된 것은 아니랍니다.

천체 물리학자들이 계산한 바에 따르면, 블랙홀 수십, 수백
여 개로는 퀘이사가 내뿜는 에너지를 충당할 수가 없습니다.
블랙홀이 10억 개 이상 합쳐져야 퀘이사의 에너지를 설명할
수 있는 것입니다.

이렇다 보니 이제 천체 물리학자들의 고민은 퀘이사를 떠
나 '정녕 이런 블랙홀이 가능할 수 있을까?'라는 데에 모아지
게 되었습니다. 퀘이사의 문제는 그동안과 다른 방향으로부
터 강한 회오리바람을 몰고 오고 있었던 것입니다.

사고 실험을 해 봅시다.

블랙홀이 존재하려면,

태양의 수백억 배에 달하는 질량을 가진 별이 있어야 해요.

태양보다 수백억 배나 무거운 별이 과연 존재할 수 있을까요?

존재한다고 해도 그것을 별이라고 할 수 있을까요?

은하 내부에 태양 같은 별이 1,000억 개가량 있다는 점을 생각하면,

그건 은하와 맞먹는 질량이에요.

그러면 은하 자체가 거대한 블랙홀이란 말인가요?

그렇게 볼 수도 있을 거예요.

그러나 그러려면 은하 자체가 하나의 거대한 별이 되어야 해요.

은하는 수천억 개에 이르는 별들이 뿔뿔이 흩어져 있는

별들의 집합체이지, 하나의 큰 별이 아니거든요.

블랙홀이 되고 퀘이사처럼 빛을 내려면 이들이 똘똘 뭉쳐

하나의 별이 되어야 해요.

그 수많은 별이 어떻게 모여 뭉치죠?

이제 별들이 뭉쳐야 하는 더 근원적인 문제가 놓여졌습니다. 그러나 이것은 별의 충돌로 거뜬히 설명할 수 있습니다. 별은 서로 충돌해서 더욱 큰 별로 성장하거든요. 이런 식으로 몸집을 부풀려 나가면, 태양보다 수십여 배 무거운 별이 탄생합니다.

여기서 사고 실험을 이어 가겠습니다.

태양보다 수십여 배 무거운 별이 은하 곳곳에 보여요.

그들은 중력 붕괴를 통해 블랙홀이 되어요.

그러나 그들은 보통 크기의 블랙홀일 뿐이에요.

일반 크기의 10억 배 이상 되는 블랙홀이기에는 턱없이 모자라는

블랙홀이에요.

이걸 해결할 방도는 없을까요?

이 난관을 블랙홀의 대가 호킹(Stephen William Howking, 1942~)이 해결합니다. 호킹은 다음의 사실을 알아내었지요.

"블랙홀끼리 충돌할 경우, 그 크기는 두 블랙홀을 합한 것과 같거나 늘어날 수는 있어도 줄어들 수는 없다."

이것을 호킹의 블랙홀 표면적 증가의 법칙이라고 합니다.

호킹

블랙홀끼리 충돌할 경우,
블랙홀을 합한 것보다 줄어들
수는 없습니다.

의문의 해결

    호킹의 블랙홀 표면적 증가의 법칙을 은하 내부에 존재하는 작은 블랙홀에 적용하면 퀘이사에서 연유한 의문은 저절로 풀리게 됩니다.

    사고 실험을 하겠습니다.

은하 중심에 생긴 보통 크기의 수많은 블랙홀이 충돌해요.

충돌 후 합쳐진 블랙홀은 호킹의 블랙홀 표면적 증가의 법칙에 따라

부피가 증가해요.

커진 블랙홀은 그만큼 중력도 세져요.

중력이 미약해 잡아 둘 엄두조차 내지 못한 별들에도

이젠 힘을 뻗칠 수 있어요.

새로운 별을 붙잡아 둠으로써 블랙홀은 더욱 커져요.

부피가 증가한 만큼 다른 블랙홀과 충돌해 합쳐질 확률이

그만큼 높아진 거예요.

블랙홀이 커질수록 다른 천체를 잡아먹는 일은 더욱 쉬워져요.

이런 식으로 블랙홀이 몸집을 불리는 과정이 계속되어요.

은하 중심에 거대 블랙홀이 생긴 거예요.

호킹의 블랙홀 표면적 증가의 법칙을 빌려 은하 중심에 거대 블랙홀이 존재하는 이유를 이렇게 설명할 수 있는 것입니다.

다시 사고 실험을 이어 가겠습니다.

블랙홀의 몸집 불리기가 계속 이어져요.

이제는 가장 큰 블랙홀이 그보다 작은 천체를 싹쓸이하듯 끌어들여요.

그들은 거대 블랙홀의 중력에 버티지 못하고 산산이 부서져요.

조각난 별의 잔해가 사라져요.

그러나 아무런 흔적조차 남기지 않고 사라지는 것은 아닙니다.

별은 빛으로 최후를 마감하지요.

대형 충돌 사고 발생!!

사라지는 마지막 순간에 굉장한 빛 에너지를 사방으로 내뿜는 거예요.

퀘이사가 방출하는 엄청난 빛 에너지의 비밀은 바로 이러한 작용에 의해 만들어지는 것이었습니다. 이것이 퀘이사가 방출하는 에너지의 원천이었던 것이지요.

슈바르츠실트 선생님, 퀘이사는 블랙홀일 가능성이 높다고 하는데, 맞나요?

퀘이사 3C273은 우리 은하 속 모든 별이 내는 빛보다 더 강한 빛을 내뿜어요. 이것은 3C273 속에 태양과 같은 별이 1,000억 개 이상이 모여 있는 거나 마찬가지예요.

그럼 3C273을 단순히 별이 아닌 별의 집단인 은하라고 생각할 수 있지 않을까요?

빛이 나오는 범위가 은하와 비슷한 크기라면 은하로 추정할 수 있겠지만, 퀘이사의 크기를 조사한 결과 빛이 나오는 지역은 태양계 크기 정도에 불과했답니다. 또한, 퀘이사는 우주의 바깥 부분이 아닌 은하의 중심에 위치하고 있었어요.

퀘이사

퀘이사가 은하의 중심부에 위치하는 것과 블랙홀과는 어떤 연관이 있나요?

태양보다 월등히 무거운 별은 블랙홀이 될 수밖에 없는데, 은하의 중심부에는 다양한 크기의 별이 많으므로 그만큼 무거운 별이 존재할 확률이 높겠지요.

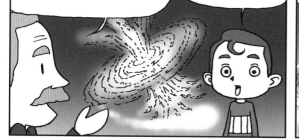

무거운 별들이 중력 붕괴에 의해 블랙홀이 되면 주위의 별들을 당기고 이 과정에서 산산조각이 난 별의 구성 물질이 달궈지며 빛에너지를 방출하게 됩니다.

그럼 퀘이사의 중심에 블랙홀이 존재해 그 큰 에너지를 내는 것인가요?

호킹의 블랙홀 표면적 증가의 법칙이 나오면서 은하 중심에 거대 블랙홀이 존재할 수 있음이 설명되고, 따라서 우리가 보는 퀘이사의 굉장한 빛에너지에 대한 의문도 풀리게 되었답니다.

블랙홀끼리 충돌할 경우 블랙홀을 합한 것만보다 줄어들 수는 없다.

4

중성자별의 발견

어떻게 중성자별의 존재를 발견하게 되었을까요?
LGM과 펄서는 무엇이고, 왜 그런 이름을 얻게 되었는지 알아봅시다.

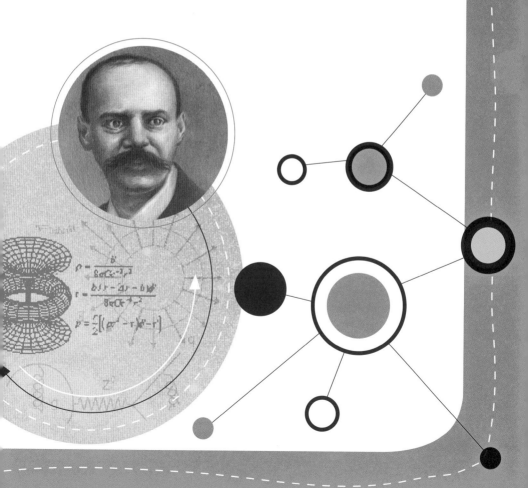

4

네 번째 수업

중성자별의 발견

슈바르츠실트가
다소 흥분된 모습으로
네 번째 수업을 시작했다.

특이한 흔적

이제 중력 붕괴가 이루어지는 별의 실체를 직접 찾아 나설
차례입니다.

파국적인 종말을 향해 나아가는 별의 걸음은 중성자별에서
부터 시작합니다. 과학사를 돌아보면 우연한 기회에 위대한
발견이 이루어지는 경우가 적지 않은데, 중성자별도 예외는
아닙니다.

1964년 영국, 굉장히 빠르고 강력하게 깜빡이는 전파가 하

늘에서 포착되었습니다. 케임브리지 대학의 천체 물리학자 휴이시(Antony Hewish, 1924~)와 벨(Jocelyn Bell Burnell, 1943~)은 이것의 강도 변화를 연구하기로 마음먹고, 새로운 전파 망원경을 제작했습니다.

휴이시 연구진의 전파 망원경은 우주에서 날아오는 전파를 순탄하게 받아 냈습니다. 그러던 1967년 9월 말, 특이한 흔적이 발견되었습니다.

벨은 차분히 기억을 더듬어 보았습니다. 전에도 이와 비슷한 흔적을 본 것 같다는 생각이 퍼뜩 떠올랐습니다. 황급히 차트를 살펴보았습니다. 기록 용지를 검토해 보니 이와 같은 흔적이 같은 시간대, 같은 구역에 그대로 나와 있었습니다. 하늘의 동일 장소에서 그것도 동일한 시각에 매번 이상한 전파가 방출되고 있다면, 그것은 우주의 비밀을 풀려고 하는 천체 물리학자에게 더없이 주목할 만한 가치가 있는 재료였습니다.

벨은 즉각 휴이시에게 이 사실을 알렸습니다. 휴이시는 다소 흥분된 눈빛으로 차트를 살폈습니다. 그는 전파원이 상당히 빠르게 변화하고 있다는 사실에 주목했습니다. 벨은 기록 속도가 한층 향상된 차트 기록기로 교체했습니다. 특이 전파가 잡혔습니다. 그때가 1967년 11월 말경이었습니다.

특이 전파의 깜빡임은 펄스(Pulse, 맥박처럼 일정한 시간 간격을 갖고 매우 짧은 주기로 발사되는 전파) 형태였습니다. 펄스의 간격은 1.33초였습니다. 정확히 말하면 1.33730109초였습니다.

펄스의 간격은
1.33730109초였습니다.

1.33초의 진원지

펄스의 정체가 무엇일까?

휴이시와 벨 그리고 연구진은 고민했습니다. 그러나 답은 그리 쉽게 떠오르지 않았습니다.

의견은 크게 둘로 갈라졌습니다. 한쪽은 펄스의 진원(震源)이 천체일 것이라고 주장했고, 다른 한쪽은 생명체가 만든 기계 장치일 것이라고 보았습니다.

펄스가 우주에서 온 것이라고 주장한 이들은 펄스가 특정 시간에만 나타나고, 전파 망원경으로 포착된다는 점을 근거로 들었습니다.

펄스는 외계인이 보낸 게 아닐까요?

그러나 대다수는 그렇지 않다고 보았습니다. 그들의 판단 근거는 다음과 같았습니다.

"펄스는 천문 현상과 무관합니다. 별은 인간과 달리 사고(思考)를 할 수 없습니다. 그런데 물질에 불과한 별이 방출했다고 보기에 펄스는 놀랍도록 정밀한 규칙성을 띠고 있습니다. 펄스를 우리와 같이 지적인 능력을 갖춘 생명체가 방출한 것이라고 보지 않는 한, 천체가 자체적으로 이런 규칙적인 전파를 보낸다는 것은 설득력이 없습니다."

그럼 펄스는 어디서 온 걸까요?

사고 실험을 해 봅시다.

밤하늘에는 오리온자리도 있고 작은곰자리도 있어요.

그러나 이들이 항상 같은 자리에 있는 것은 아니에요.

사시사철 위치가 변하거든요.

지구가 자전하고 공전하기 때문이에요.

그뿐이 아니에요.

별도 회전하고, 별을 담고 있는 은하도 이동해요.

지구와 함께 관측자도 움직이고 관측 대상도 움직이는 것이에요.

그러니 천체의 위치가 달라지는 건 당연해요.

천체의 위치가 변한다면, 펄스의 위치도 바뀔 거예요.

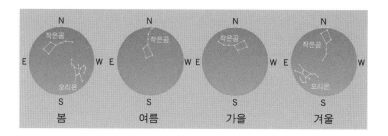

| 봄 | 여름 | 가을 | 겨울 |

우주 속 미지의 천체가 펄스를 내보낸다면, 펄스 방출 장소도 자연히 달라질 것입니다. 천체의 위치는 계속 변하니까요. 그러니 펄스의 위치가 바뀌는지 아닌지를 주시하면 펄스의 근원지를 가려낼 수 있을 것입니다.

벨은 전파 망원경으로 펄스를 관측했습니다. 몇 달 동안 조사한 펄스를 검토한 그녀의 얼굴에 득의의 미소가 가득했습니다. 펄스의 위치가 변한 것입니다.

특이 전파는 우주 속 천체로부터 오는 것이 분명했습니다. 휴이시와 연구진은 당혹스러움을 감추지 못했습니다. 지적인 존재, 즉 외계의 생명체가 펄스를 보낸 것이라는 추측이 점점 더 설득력을 얻어 갔기 때문이었습니다.

그들은 이 가상의 외계인을 작은 녹색 인간(Little Green Man, 줄여서 LGM)이라고 불렀습니다.

그들은 이 가상의 외계인을 작은 녹색 인간이라고 불렀습니다.

휴이시 연구팀은 작은 녹색 인간의 가능성을 높게 예상했습니다. 하지만 무작정 발표할 수는 없었습니다. 거짓으로 판명날 경우, 만인의 웃음거리가 될 테니까요. 웃음거리가 되기를 원하는 사람은 아무도 없을 것입니다. 그래서 그들은 작은 녹색 인간의 가능성을 철저히 확인하기로 했습니다.

크리스마스 직전이었습니다. 저녁 식사 후, 벨은 실험실로 들어갔습니다. 자료 분석을 하느라 시간 가는 줄 몰랐습니

다. 밤이 깊어 일을 끝내고 자리를 일어서려는데 데이터 하나가 눈에 들어왔습니다. 카시오페이아자리 근방 전파원에서 특이 전파가 발견된 것입니다. 지난번 발견했던 것과 유사한 모양의 펄스였습니다.

그리고 또 하나의 펄스는 몇 시간 뒤에 발견되었습니다. 이날은 겨울 새벽이라 날씨가 상당히 매서웠습니다. 벨은 걱정이 되었습니다. 기온이 떨어지면 전파 망원경의 수신율이 급격히 떨어지기 때문입니다. 펄스가 잡힐 시간은 다 되어 가는데 수신 상태가 좋지 않았습니다. 수신율을 높이기 위해 기기의 스위치를 연거푸 껐다 켜기를 반복하고 기계에 입김을 불어넣기도 하며, 할 수 있는 모든 노력을 다 했습니다. 그렇게 5분쯤 흘렀을 때, 특이 전파가 잡혔습니다. 1.2초 정도의 주기를 갖는 펄스였습니다.

휴이시 연구진은 첫 번째 발견한 펄스를 작은 녹색 인간 1(LGM1)이라 불렀고, 두 번째 발견한 펄스를 작은 녹색 인간 2(LGM2)라고 불렀습니다. 그 후 그들은 작은 녹색 인간 3(LGM3), 작은 녹색 인간 4(LGM4)도 발견했습니다.

작은 녹색 인간은 등대 신호와 매우 흡사했습니다. 그래서 벨은 이 펄스가 우주 여행자에게 천상의 위험 지역을 알려 주는 신호일지도 모른다는 생각까지 했습니다. 외계인의 처지

에서 보면, 이 주파수대가 가장 쉽게 처리할 수 있는 영역일
수도 있기 때문입니다.

사고 실험으로 알아볼까요?

생명체가 살 수 있는 환경은 어떤 조건을 갖추어야 할까요?

어렵게 생각하지 말아요.

우리의 고향인 지구는 온갖 생물로 가득하잖아요.

눈에 보이지 않는 바이러스에서부터 수십 t이나 나가는 고래에

이르기까지 생명체의 천국이라 해도 과하지 않으니까요.

그렇다면?

지구와 엇비슷한 환경을 갖추고 있는
곳이라면 생명체가 있을 가능성이 높지요.

그래요, 지구와 엇비슷한 환경을 갖추고 있는 곳이라면

생명체가 삶의 둥지를 틀고 있을 가능성이 높을 거예요.

지구는 태양이라고 하는 별의 보살핌을 받으며 자전과 공전을 해요.

무한한 열과 에너지를 사방으로 마구 방사하는 태양과

너무 가까이 있지도, 너무 떨어져 있지도 않아요.

그래서 적당한 온도를 유지할 수가 있어요.

생명체가 삶의 둥지를 틀기에 안성맞춤인 행성이지요.

그뿐이 아니에요.

숨쉬기에 넉넉한 대기와 마시기에 부족하지 않은 물까지 충분해요.

생명체가 보금자리를 틀기에 이보다 더 좋은 환경은 없어요.

그러니 외계 생명체가 삶의 터전을 마련하고 있을 법한 공간은,

지구적 환경과 크게 다르지 않은 곳일 거예요.

활활 타오르는 태양 같은 별이 중심에 있고,

그 둘레를 행성이 빙빙 돌고 있으며,

공기와 물이 조화롭게 어우러져 있는 곳 말이에요.

이런 이유로 외계 생명체를 찾는 문제는 '태양-지구'의 쌍
과 같은 '별-행성'의 쌍을 찾는 것으로 귀착합니다.

휴이시는 펄스가 나오는 지역을 자세히 관측해 보았습니
다. 그러나 그곳에 행성이 있다는 단서를 찾는 데는 실패했

외계 생명체를 찾는 문제는 '태양-지구'의 쌍과 같은 '별-행성'을 찾는 걸으로 귀착합니다.

습니다.

1968년 1월 휘이시 연구팀은 그동안의 연구 결과를 케임브리지 세미나에서 발표했습니다. 그 자리에는 호킹 등 각계의 내로라하는 천체 물리학자들이 참석했습니다.

벨이 발견한 특이 전파는 펄스를 내는 별(Pulsing Star)이란 뜻으로 펄서(Pulsar)라 불렀습니다. 한국어로는 맥박이 뛰듯이 전파를 발산하는 별이란 의미로, 맥동 변광성이라고 합니다.

1968년 2월, 세계적 학술 권위지인 〈네이처〉지에 휘이시 연구진의 펄서 발견이 중대 기사로 실렸습니다. 〈네이처〉는 그 사안의 중요성을 인지하고 겉표지에 '가능성 있는 중성자

벨이 발견한 특이 전파는 펄스를 발하는 별이란 뜻으로 펄서라고 합니다. 맥박이 뛰듯이 전파를 발산하는 별이란 의미로 맥동 변광성이라고도 합니다.

별(Possible Neutron Star)'이라는 글귀를 집어넣었습니다. 휴이시는 이 업적을 인정받아 케임브리지의 동료 교수인 라일 (Martin Ryle, 1918~1984)과 함께 1974년 노벨 물리학상을 수상했습니다.

파국적인 종말을 향해 나아가는 별의 걸음은 중성자별에서부터 시작합니다. 과학사를 돌아보면 우연한 기회에 위대한 발견이 이루어지는 경우가 적지 않은데, 중성자별도 예외는 아닙니다.

1964년 영국, 빠르고 강력하게 깜빡이는 전파가 포착되었습니다. 휴이시와 벨은 이것의 강도 변화를 연구하기로 합니다.

연구를 위해 전파 망원경을 새로 만들어야겠어.

매번 같은 시간대, 같은 구역에 그대로 전파가 나오고 있군.

전파의 깜빡임은 펄스 형태였습니다. 펄스의 간격은 정확히 말하면 1.33730109초였습니다.

펄스의 진원이 천체라고 생각합니다.

아닙니다. 이렇게 일정하게 펄스를 낸다는 것은 생명체가 만든 기계 장치일 가능성이 높습니다.

벨은 몇 달 동안 조사한 내용을 검토한 결과 펄스의 위치가 변한다는 것을 알게 되었습니다. 연구진의 외계 생명체가 펄스를 보낸 것이라는 추측이 점점 더 설득력을 얻었습니다. 그리고 이 가상의 외계인을 작은 녹색 인간이라고 불렀습니다.

세계적 학술 권위지인 〈네이처〉지에 휴이시 연구진의 펄서 발견이 중대 기사로 실렸습니다. 이 연구로 1974년 휴이시와 라일은 노벨 물리학상을 수상했습니다.

5

펄서는 중성자별

펄서는 중성자별일까요?
펄서가 중성자별로 확인되기까지의 과정을 알아봅시다.

5

다섯 번째 수업

펄서는 중성자별

슈바르츠실트가 지난 시간에 이어
펄서에 대한 이야기로
다섯 번째 수업을 시작했다.

열광적인 펄서 연구

휴이시 연구진은 펄서의 정확한 정체를 규명하는 데 실패
했습니다. 하지만 그들의 펄서 발견 발표는 대단한 반응을
불러일으켜서 전 세계 천체 물리학자들의 연구 의욕을 자극
했습니다. 펄서를 관측할 수 있는 특수 장비에 대한 맹렬한
쟁탈전이 여기저기서 벌어졌습니다. 망원경의 사용 권리를
이미 허락받은 학자들은 펄서를 관찰하려는 동료 학자들의
때아닌 공세에 톡톡히 시달려야 했습니다.

"오늘 저녁에 천체 망원경을 볼 수 있는 권한을 나에게 위임해 주면 나중에 자네가 필요할 때 내 사용 권리의 일주일치를 내주겠네."

최전선 연구 과제에 대한 과학자들의 연구 열의는 이렇듯 실로 대단했습니다. 하루라도 먼저 승인을 받은 사람이 특허의 모든 권리를 절대적으로 행사할 수 있듯이, 과학자의 연구도 누가 먼저 결과를 내놓느냐에 따라서 최초 발견자가 되느냐 아니냐가 결정됩니다. 과학에서 최초 발견자는 매우 중요합니다. 노벨상을 받을 만한 가치가 충분한 업적을 쌓았더라도, 최초 발견자가 아니면 노벨상 수상자가 되지 못했기 때문입니다.

이 무렵 몇 달 동안은 가히 펄서 연구의 황금기라고 할 만큼 펄서 연구에 대한 관심과 열의가 대단했습니다. 양적으로나 질적으로나 상상을 초월했습니다. 천체 물리학계의 대표적인 학술지는 물론이고, 저명 물리학 학술지의 주요 논문이 모두 이와 관련된 주제였으니까요.

이러한 분위기 속에서 펄서 연구의 폭과 깊이는 나날이 넓어지고 깊어졌습니다.

펄서, 중성자별로 최종 확인 1

별이 전파를 내는 건 그리 특별한 현상이 아닙니다. 우주 속 무수한 천체가 전파를 방출하고 있지요. 하지만 그들 대부분은 불규칙적입니다. 그에 반해, 벨이 발견한 펄서는 너무도 규칙적이었습니다. '자연적인 현상이 어떻게 이리도 규칙적일 수 있을까?' 하는 의문을 품을 만큼 말입니다.

대체 거기엔 어떤 역학적인 원리가 숨어 있는 걸까요?

사고 실험을 하겠습니다.

펄서 LGM1은 주기를 갖고 있어요.

주기를 갖는다는 건 진동을 한다는 뜻이지요.

그렇다면 펄서 LGM1이 좌우나 상하로 요란스레 널뛰는 걸까요?

이건 좀 받아들이기가 어려워요.

이유는 이래요.

펄서 LGM1은 분명히 천체예요.

몸집이 자그마한 공 정도의 크기가 아니란 말이에요.

그런데 그것이 어떻게 용수철이 왕복하듯 궤도를 이탈했다가 복귀하고 다시 이탈하는 식의 운동을 자연스레 이어 갈 수 있겠어요?

설령, 펄서 LGM1이 용수철 운동을 한다고 해도 그래요.

천체가 용수철이 늘고 줄듬이
운동한다는 건은 불가능하다고
봐야겠지요.

그러한 운동을 한다고 해서 전파가 잡혔다가 안 잡혔다

할 이유는 전혀 없어요.

그러나 분명한 건, 펄서 LGM1이 방출한 전파가 지구에서

보였다가 안 보였다가 하는 것을 반복한다는 거예요.

이를 어떻게 해석해야 하죠?

그래요, 주기적으로 나타났다가 사라짐을 반복하는 상황은?

회전이에요, 회전!

그렇습니다. 천체가 회전을 하면, 관측자는 펄서 LGM1을
주기적으로 마주하게 됩니다. 예를 들어, 사랑하는 연인의
정면 얼굴만을 똑바로 마냥 바라보고 싶은데, 그 친구가 회전

펄서는 회전하고 있는 겁니다.

을 하면 싫더라도 어쩔 수 없이 옆모습과 뒷모습을 바라볼 수
밖에 없습니다. 이러한 이치가 펄서 LGM1에도 적용됩니다.
우리가 펄서 LGM1의 전파를 볼 수 있는 것은, 그것이 지구
쪽을 향할 때뿐입니다.

그러나 이것으로 모든 문제가 해결된 것은 아닙니다.

펄서, 중성자별로 최종 확인 2

휴이시 연구진이 펄서 LGM1에서 LGM4까지를 발견한 이
후, 다른 학자들이 새로운 펄서를 속속 발견했습니다. 초당

초당 수백 번을 회전하는 펄서도 있지요.
이것을 밀리초 펄서라고 합니다.

한 바퀴씩 자전하는 펄서는 그 회전 속도가 상당히 느린 축에
속하였습니다. 1초에 무려 600번을 회전하는 것도 있었으니
까요. 초당 수백 번을 회전하는 펄서를 밀리초 펄서라고 합
니다. 지구가 자전하는 데 24시간이 걸리는 것과 비교하면,
펄서의 회전 속도는 가히 놀랄 만한 수준이지요.

사고 실험을 하겠습니다.

펄서 LGM1이 자전해요.

그러나 그 주기가 1.33초라는 것이 큰 걸림돌이지요.

주기가 1.33초라는 것은 1.33초마다 한 바퀴씩 돈다는 말이거든요.

자그마한 팽이도 아닌 천체가 초당 한 바퀴씩 자전을 한다고 해요.

이것을 믿을 수 있나요?

상식적으로도 받아들이기 힘들고, 물리적으로도 용인하기 어려워요.

물리적으로 용인하기 어려운 이유는 바로 원심력 때문이지요.

물체가 회전을 하면 밖으로 뻗치는 힘이 생겨요.

원심력이 생기는 거예요.

원심력은 물체의 질량이 클수록 반지름이 길수록

회전 속도가 빠를수록 커져요.

지구의 경우, 자전 주기가 1시간 이내가 되면 원심력을 견디지 못하고 산산조각이 나고 말 것입니다. 따라서 천체가 초당 한 바퀴씩 자전을 한다는 것은, 물리적으로 매우 수용하기 어렵지요.

사고 실험을 이어 가겠습니다.

일반적인 천체를 생각하면, 초당 한 바퀴씩 자전한다는 것은

도저히 불가능해요.

그러나 우리는 이러한 천체를 두 눈으로 똑똑히 보고 있어요.

그 엄청난 회전을 견딘다는 것은,

내부 결속력이 그만큼 강하다는 거죠.

이건 중력이 엄청나게 크다는 뜻이기도 해요.

엄청난 회전력을 견디려면
그걸 이길 만큼 중력이 아주
강해야 합니다.

천천히 돌 때   빨리 돌 때

중력이 아주 강한 천체라면 중성자별을 생각할 수가 있지요.

그래요, 펄서는 중성자별인 거예요.

1968년 천체 물리학자 골드(Thomas Gold, 1920~)는 이렇게 말했습니다.

"펄서는 빠르게 자전하는 중성자별이 분명합니다. 놀라운 속도로 자전하기 때문에, 흡사 등대가 내보낸 불빛처럼 전파가 지구에 주기적으로 도달하는 것입니다."

별이 전파를 내는 건 그리 특별한 현상이 아닙니다. 우주 속 무수한 천체가 전파를 방출하고 있으니까요. 하지만 그들 대부분은 불규칙적입니다.

그에 반해 벨이 발견한 펄서는 매우 규칙적이었습니다. '자연적인 현상이 어떻게 이리도 규칙적일 수 있을까?' 하는 의문을 품을 만큼 말입니다.

정확히 1.33730109 초,

펄서 LGM1은 주기를 갖고 있는 천체입니다. 이런 천체가 주기적으로 나타났다가 사라짐을 반복하는 것은 회전한다는 의미입니다.

휴이시 연구진이 펄서 LGM1에서 LGM4까지를 발견한 이후, 다른 학자들이 새로운 펄서를 속속 발견했습니다. 그중에는 무려 초당 600번을 회전하는 것도 있었습니다.

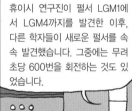

그러나 만약 지구의 경우, 자전 주기가 1시간 이내가 되면 원심력을 견디지 못하고 산산조각이 나고 말 것입니다. 그렇다면 그 엄청난 회전을 견딘다는 것은 내부 결속력이 그만큼 강하다는 뜻입니다. 즉, 중력이 엄청나게 크다는 의미이기도 해요.

중력이 아주 강한 천체라면 중성자별을 생각할 수가 있지요? 펄서는 바로 빠르게 자전하는 중성자별인 겁니다.

파 파 팍

블랙홀의 존재

블랙홀은 어떤 별일까요?
블랙홀을 찾는 것이 왜 어려운지 알아봅시다.

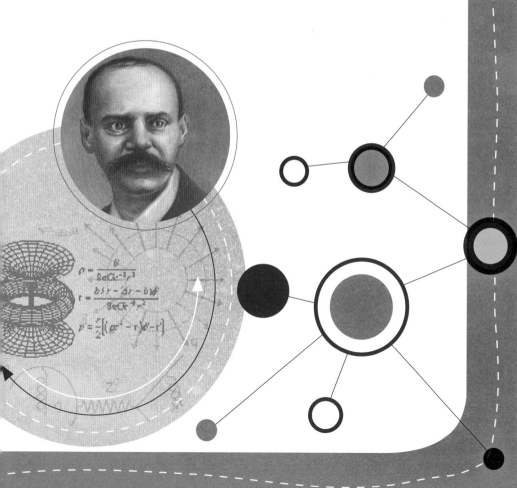

6

여섯 번째 수업

블랙홀의 존재

슈바르츠실트가
여섯 번째 수업에서 드디어
블랙홀에 대해 이야기하기 시작했다.

블랙홀의 탄생

중성자별을 확인했으니, 이제는 블랙홀입니다.

백색 왜성을 지나는 과정은 전적으로 중력 붕괴가 이끌어 갑니다. 첫 번째 중력 붕괴는 중성자별에서 멈춥니다. 그러나 중력이 월등히 강하면, 삽시간에 둑이 터지듯 순식간에 중성자별 이후의 단계가 진행됩니다. 마지막 보루가 사라졌으니, 이제 중력 붕괴는 거칠 것이 없습니다. 별은 무한의 점을 향해 급속히 중력 붕괴를 이어 가고, 이내 블랙홀이 탄생

삽시간에 둑이 터지든
순식간에 블랙홀이 탄생하지요.

하게 되는 것이지요.

여기서 무한의 점이란, 크기는 없고 밀도는 무한대인 점을 가리킵니다. 이것이 블랙홀의 중심으로, 흔히 특이점이라고 부르는 곳이지요.

마지막 장벽이 깨지는 순간, 중력 붕괴는 거의 광속에 가까운 속도로 진행됩니다. 그래서 특이점까지 도달하는 데는 채 1초도 걸리지 않지요. 중성자 단계의 별이 블랙홀이 되기까지 그야말로 눈 깜짝할 시간밖에 걸리지 않는 것입니다.

블랙홀 찾기의 어려움

다시는 헤어나지 못하는 우주 공간의 깊디깊은 수렁이라고 할 수 있는 블랙홀. 블랙홀의 존재 가능성은 이론적으로는 전혀 의심의 여지가 없습니다. 그러므로 우리는 그 실체를 찾아야 합니다. 그런데 볼 수도 없는 블랙홀을 어떻게 찾을 수 있을까요?

이 문제를 풀기 위해 사고 실험을 시작해 보겠습니다.

블랙홀의 중력의 세기는 그야말로 무한하죠.

그래서 그 안으로 빨려 들어가면, 그 어떠한 것이라도

결코 빠져나올 수 없는 거예요.

이 세상 최고의 속도를 자랑하는 빛조차 특이점 밖으로는

탈출하지 못하거든요.

빛을 흡수는 하되 방출은 하지 않으니, 검디검을 수밖에 없어요.

그러니 보이지 않는 거예요.

그러면 보이지 않는 이 천체를 어떻게 찾아야 하죠?

호킹은 블랙홀 찾기의 어려움을 한 문장으로 표현했습니다.

"지하 석탄 창고에서 검은 고양이를 찾는 것과 같다."

다시 사고 실험을 이어 가겠습니다.

블랙홀을 확인할 수 있는 가장 확실한 방법은

광학 망원경으로 보는 거예요.

그러나 블랙홀이 가시광선을 방출하지 않으니,

이 방법은 가능하지 않아요.

이뿐이 아니에요.

블랙홀은 가시광선은 물론이고 자외선, 적외선, 전파 등등

그 어떠한 빛도 내보내지 않아요.

그래서 자외선 망원경, 적외선 망원경은 물론, 중성자별 발견의

일등 공신인 전파 망원경조차 아무런 쓸모가 없어요.

광학 망원경으로 아무리 살펴보아도
블랙홀은 보이지 않아요.

그러면 어떻게 해야 할까요?

블랙홀 찾기

존재하지만 보이지 않는 것의 대표 주자는 누구나 한 번쯤
은 상상해 보았을 투명 인간입니다. 보이지 않으니, 그 실체
를 두 눈으로 또렷이 확인하는 것은 가능하지 않습니다.

하지만 그렇다고 투명 인간을 간접적으로 확인할 수 있는
방법까지 없는 것은 아니랍니다. 예를 들어, 투명 인간이 옷
을 입거나 벗을 때, 그 동작에 따라 옷이 허공에서 출렁이게
되는데, 이때 우리는 그 자리에 투명 인간이 있는 게 아닌가

하고 의심할 수 있습니다. 이와 마찬가지 원리를 블랙홀 연구에도 그대로 적용해 볼 수 있습니다.

천체의 회전에는 반드시 중심축이 있게 마련입니다. 예를 들어, 지구는 중심을 관통하는 자전축을 따라 하루 주기로 자전을 하고, 태양과 지구 사이의 공통 질량 중심을 축으로 하여 1년 주기로 공전을 합니다. 두 천체의 질량이 같으면, 공통 질량 중심은 두 천체 사이의 중간 지점이 됩니다. 그러나 태양은 지구에 비해 월등히 무거운 까닭에, 두 천체 사이의 공통 질량 중심은 태양 안에 만들어지죠. 마찬가지로 지구와 달의 공통 질량 중심도 두 천체 사이의 현격한 질량 차이로 지구 안에 존재한답니다.

사고 실험을 하겠습니다.

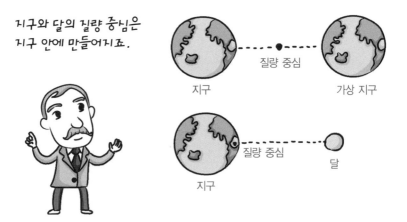

지구와 달의 질량 중심은 지구 안에 만들어지죠.

질량 중심

지구

가상 지구

질량 중심

지구

달

블랙홀 자체에는 기대할 것이 없어요.

주위로 눈을 돌려야 해요.

주위에 자전하는 별도 있고, 공전하는 별도 있어요.

자전은 홀로 회전하는 운동이에요.

그러니 다른 천체의 영향을 받지 않아요.

그러나 공전은 달라요.

다른 천체와의 상호 작용으로 나타나는 운동이 공전이기 때문이에요.

자전은 홀로 할 수 있는 운동이므로,

그 별 주위에 블랙홀이 존재한다고 보는 건 큰 무리가 있어요.

하지만 공전은 그렇지가 않아요.

공전이란 제멋대로 홀로 할 수 있는 운동이 아니거든요.

다른 천체와의 분명한 상호 작용의 결과예요.

그러니 별이 공전을 하는 건 분명한데,

그 주위에 또 다른 별이 보이지 않으면 뭘 상상할 수 있겠어요?

그래요, 그곳에 블랙홀이 숨어 있는 것은 아닐까 하는

의구심을 가져 볼 수 있는 거예요.

블랙홀이라는 이름을 최초로 명명한 미국의 천체 이론 물리학자 휠러(John Wheeler, 1911~2008)는 이 상황을 다음과 같이 표현했습니다.

남녀가 무대 위에 올라서요.

남자는 검은색 정장, 여자는 흰색 드레스 차림이에요.

두 사람은 팔을 끼고 흥겹게 춤을 추어요.

무대 조명을 비추는 빛이 점점 약해져요.

남자의 모습이 사라지고, 여자의 흰 옷이 상대적으로 부각되어요.

무대를 빙글빙글 도는 여자의 춤 동작은 여전해요.

상대가 없다면, 저런 자연스러운 춤 동작은 나오기 어렵겠죠?

이렇게 여자의 춤 동작을 보고 상대의 존재를 유추할 수 있는 거예요.

이때 남자를 블랙홀, 여자를 눈에 보이는 별이라고 할 수 있죠.

남자의 모습이 사라지고, 여자의 흰 옷이 상대적으로 부각되지요. 이때 남자를 블랙홀, 여자를 눈에 보이는 별이라고 생각하면 적절한 비유입니다.

여자의 춤 동작을 통해 상대가 있음을 추측해 볼 수 있듯이, 공전하는 별의 움직임을 통해 보이지 않는 블랙홀의 존재를 예측해 볼 수 있는 거예요.

선생님, 저 우주에 블랙홀이 존재할까요?

물론입니다. 블랙홀의 존재 가능성은 이론적으로는 전혀 의심의 여지가 없습니다. 단지 찾는 게 문제죠.

천체 망원경을 이용해 찾으면 되지 않을까요?

블랙홀은 가시광선은 물론 자외선, 적외선, 전파 등등 그 어떤 빛도 내보내지 않아요.

그럼 못 찾는다는 건가요?

예를 들어, 투명 인간은 존재하지만 보이지 않죠? 보이지 않으니, 그 실체를 두 눈으로 확인하는 것은 힘들지요.

투명 인간이 옷을 입거나 벗을 때, 그 동작에 따라 옷이 허공에서 출렁이게 되는데, 이때 우리는 그 자리에 투명 인간이 있는 게 아닌가 하고 의심만 할 수 있습니다.

주위를 보면 자전하는 별도 있고, 공전하는 별도 있습니다. 자전은 홀로 하는 운동이지만, 공전은 다른 천체와의 상호 작용으로 나타나는 운동입니다.

따라서 별이 공전을 하는 건 분명한데, 그 주위에 또 다른 별이 보이지 않으면 뭘 상상할 수 있겠어요? 그곳에 블랙홀이 있다고 생각할 수 있겠지요.

아, 정말 그렇겠네요.

7

블랙홀 확인 방법

블랙홀을 확인하는 방법에는 어떠한 것들이 있을까요?
도플러 효과는 무엇인지, 블랙홀은 어떻게 확인할 수 있는지 알아봅시다.

일곱 번째 수업

블랙홀 확인 방법

슈바르츠실트가
도플러 효과 이야기를 꺼내면서
일곱 번째 수업을 시작했다.

도플러 효과로 확인

별이 공전을 하고 있는데 다른 천체가 보이지 않는다면, 그 별 주위에 블랙홀이 존재할 가능성이 매우 높습니다. 하지만 그렇다고 해서 그러한 별들 근처에 모두 블랙홀이 있다고 단정할 수는 없습니다. 이러한 양상은 블랙홀과 보통 별의 쌍에서도 발견이 되지만, 중성자별과 보통 별, 백색 왜성과 보통 별의 쌍에서도 발견이 가능하기 때문입니다. 활동력이 떨어진 중성자별이나 백색 왜성은 빛을 발하지 못해서 관찰이 쉽지 않거든요.

그러면 블랙홀과 보통 별의 쌍에서만 발견할 수 있는 특징은 없을까요? 블랙홀과 보통 별의 쌍에서만 나타나는 특징을 분명하게 관측할 수 있다면 블랙홀을 찾기가 좀 더 쉬워질 테니까요.

두 번째 수업에서 배운 빛의 도플러 효과를 생각하면서 사고 실험을 해 보겠습니다.

별 A와 B 그리고 지구가 있습니다.

별 A는 B의 둘레를 돌고 있습니다.

별 A의 공전 궤도를 1, 2, 3, 4의 네 구간으로 나누었습니다.

별 A가 1에서 2구간으로 움직입니다.

이 길은 별 A가 지구로 다가오는 궤도입니다.

그러므로 빛의 도플러 효과에 의해

별 A가 방출한 빛의 파장은 수축합니다.

스펙트럼을 관측하면 청색 이동을 볼 수 있습니다.

별 A가 2에 위치한 순간은 빛의 도플러 효과가 나타나지 않습니다.

별 A와 지구의 거리가 변함이 없기 때문입니다.

별 A가 2에서 3구간으로 움직입니다.

이 길은 별 A가 지구와 멀어지는 궤도입니다.

그러므로 빛의 도플러 효과에 의해 별 A의 빛은 파장이 늘어납니다.

별 A가 지구로 다가오는 궤도
에서는 청색 이동, 별 A가 지구와
멀어지는 궤도에서는 적색
이동이 나타납니다.

청색 이동

적색 이동

스펙트럼을 관측하면 적색 이동을 볼 수 있습니다.

그런데 여기까지는 모든 별과 별의 쌍에서 동일하게 나타나는 결과입니다. 그러나 별 A가 4구간 언저리에 위치해 있을 때는 다른 해석을 내릴 수 있습니다.

사고 실험을 계속하겠습니다.

별 A가 3을 지나 4구간에 진입합니다.

이곳은 지구와 일직선상에 위치한 지역입니다.

그러므로 정상적이라면 별 A가 방출한 빛을

지구에서 관측할 수 없습니다.

별 B가 가로막고 있기 때문입니다.

그러나 별 A가 4구간에 조금 못 미치거나 약간 넘어선 경우라면,

어떤 결과가 나올까요?

별 A와 B 그리고 지구가 정확히 일직선상에 있지 못하므로,

별 B의 가림 효과는 별 A가 정확히 4구간에 있을 때보다는

줄어들 것입니다.

따라서 별 A가 내보낸 빛의 일부가

지구에서도 관측이 가능해야 합니다.

그런데 별 A의 빛이 포착되지 않는다면,

별 A가 내보낸 빛의 일부가
지구에서 관측이 가능해야 하는데도
그렇지 않다면, 별 B가 블랙홀일
가능성을 염두에 두어야 합니다.

별 B가 블랙홀일 가능성을 염두에 둘 필요가 있습니다.

블랙홀의 중력장은 워낙 강력해서 그 주변으로 지나가는 빛을

모두 흡수하니까요.

물론 이 추론에 문제가 없는 것은 아닙니다. 블랙홀에는 미
치지 못하지만, 중성자별의 중력도 만만치 않기 때문입니다.
별 B가 블랙홀이 아니라 중성자별이어도, 4구간을 다소 벗어
난 곳에서 나온 별 A의 광선을 지구에서 관찰하기가 쉽지 않
을 수 있거든요. 이러한 이유 때문에 빛의 도플러 효과만으

로 블랙홀인지 아닌지를 가늠하는 것은 어렵습니다. 사실 이러한 방법으로 블랙홀의 존재를 확인하려는 시도가 없지는 않았습니다. 그러나 별다른 성과를 거두지 못했지요.

X선과 질량으로 확인

도플러 효과가 좋은 결과를 내놓지 못하자, 다음 대안으로 떠오른 것이 X선입니다.

사고 실험을 하겠습니다.

천체 A와 B가 있습니다.

천체 B가 A의 둘레를 공전하고 있습니다.

천체 A의 중력은 실로 대단해서

천체 B를 무섭게 끌어당기고 있습니다.

그 힘에 천체 B가 일그러집니다.

천체 B의 모양 변화는 약간 부풀어 오르는 정도가 아닙니다.

천체 A 쪽으로 향한 표면이 뾰족한 봉우리가 생기듯 솟아오릅니다.

솟은 부분으로부터 뜨거운 분출물이 흘러나옵니다.

분출물은 옆으로 표류하며 유연한 흐름을 이어 갑니다.

천체 B에서 나온 물질이 나선 궤도를 그리며
천체 A 쪽으로 유유히 빨려 들어가고 있습니다.

이웃한 천체에서 뽑아져 나온 물질이 중력이 센 천체의 중
력장에 끌려 들어가면서 나선형 궤도를 그리는 것은 천체의
회전 때문입니다. 이 상황은 커피에 크림을 타고 빙빙 휘젓
는 경우를 생각하면 쉽게 이해가 될 것입니다.

크림은 직선을 그으며 곧바로 중심을 향해 내려가는 것이
아니라, 빙글빙글 원을 그리며 가운데로 빨려 들어갑니다. 커
피 잔에 둥근 크림 띠가 형성되듯, 천체 B에서 흘러나온 물질
이 천체 A의 둘레로 원반형의 거대한 띠를 형성합니다.

커피 잔에 둥근 크림 띠가 형성되듯,
천체 A의 둘레로 원반형의 거대한 띠가
형성됩니다.

　원반형의 이 거대한 띠를 유입 물질 원반이라고 합니다. 유입 물질 원반은 중심 천체를 향해 물질이 이동해 가는 중간 휴게소로 보면 무난합니다.

　사고 실험을 이어 가겠습니다.

유입 물질 원반의 바깥쪽과 안쪽은 천체 A로부터의 거리가 다르니, 받는 중력의 세기도 다릅니다.

천체 A와 가까운 안쪽의 중력이 강합니다.

그러다 보니 바깥쪽과 안쪽에서 회전하는 분출물의 속도가

다를 수밖에 없습니다.

속도가 같으면, 유입 물질 원반 속 분출물은 서로 부딪칠 이유가 없

습니다.

그러나 속도가 다르면, 유입 물질 원반 내부는 분출물 입자끼리의 극심한 마찰 경연장이 됩니다.

속도가 빠른 입자와 그렇지 못한 입자 사이에서 부딪침과 마찰이 필연적으로 빚어지는 것이죠.

그런데 마찰이 일어나면, 열이 발생하고 온도가 상승합니다.

이것이 바로 유입 물질 원반에 열이 발생하고 온도가 높아지는 이유입니다.

이러한 가속과 마찰의 과정을 거치면서 유입 물질 원반 내부의 온도는 수백만에서 1,000만 ℃까지 올라가는데, 가스가

이 정도의 온도에 이르면 강력한 X선을 방출하게 됩니다.

지구에서 관측되는 X선 복사의 대부분이 유입 물질 원반 내부에서 나오는 것으로 알려져 있지요. 이런 이유로 X선을 내놓는 별과 별의 쌍은 블랙홀을 내포하고 있을 가능성이 높다고 볼 수 있습니다.

그러나 이것만으로는 블랙홀 진단의 필요충분조건이 되지 못합니다. 왜냐하면 중성자별 정도의 중력으로도 X선 방출은 가능하기 때문입니다.

그러면 X선을 야기하는 천체가 블랙홀인지 중성자별인지를 가늠하기 위해서는 또 하나의 척도가 필요하다는 결론에 도달합니다. 그 또 하나의 척도가 바로 천체의 질량을 계산하는 것입니다. 오펜하이머가 밝혔듯이, 중성자별은 태양의 3배 이상의 질량을 가질 수 없습니다. 그 이상의 질량은 무한의 끝을 향한 중력 붕괴를 유도하기 때문입니다.

그래서 X선을 내놓는 천체의 질량이 태양보다 5배 이상 무겁다면 그것은 블랙홀이라는 확신을 가져도 큰 무리가 없습니다.

우후루 발사와
블랙홀 검증

우후루가 무엇일까요?
백조자리 X-1이 어떤 천체인지 알아봅시다.

8

여덟 번째 수업

우후루 발사와
블랙홀 검증

슈바르츠실트가 블랙홀의
실체를 찾는 방법에 대해
여덟 번째 수업을 시작했다.

블랙홀을 확인하는 방법을 알았으니, 이제 그 실체를 직접
찾아 나서 볼까요?

우후루 발사

X선을 방출하는 천체에 대한 본격적인 탐사는 1970년에
발사한 인공위성 우후루가 환하게 길을 열었습니다. 인공위
성은 하루 이틀이 아니라 1~2년이라도 지구 상공에 떠 있을

수 있으므로, X선을 방출하는 천체 탐사에 안성맞춤인 장비였습니다.

인공위성을 활용한 천체 탐사는 이탈리아계 미국인 과학자 지아코니(Riccardo Giacconi, 1931~)에 의해 이루어졌습니다. 지아코니는 X선 천체 물리학의 선구적인 기여를 인정받아, 2002년 노벨 물리학상을 수상했습니다.

인공위성 발사의 최적지로는 적도 인근이 꼽혔습니다. 지구 자전 속도의 이득을 볼 수 있기 때문이었습니다.

지구 자전 속도는 초속 500m 남짓입니다. 자전이란 회전하는 것이므로 원심력이 큰 곳일수록 속도가 빠릅니다. 원심력은 중심에서 멀수록 강한데, 지구의 중심에서 가장 멀리 떨

인공위성 발사의 최적지는 적도 인근이지요.

적도

어진 곳이 바로 적도입니다. 적도는 지구 중심에서 가장 멀다 보니 중력을 최소로 받습니다. 원심력은 최대인데 중력은 최소이다 보니, 적도 근방은 우주선을 발사하기에 더없이 좋은 장소가 되는 것입니다.

최종 선택된 인공위성 발사대는 아프리카 케냐의 산 마르코(San Marco)였습니다. 우후루라는 이름은 아직 붙여지지 않았지요.

인공위성이 성공적으로 발사되기 전까지는 이름을 붙이지 않는 것이 당시의 관례였습니다. 인공위성을 쏘아 보낼 로켓이 도중에 폭발한다거나, 인공위성이 정해진 궤도에는 진입했으나 작동 불능 상태가 되는 경우가 종종 있었기 때문입니다. 그래서 인공위성이 임무를 완벽히 수행하고 있다는 확신이 들기 전까지, 우후루를 소형 천문학 위성 1호라는 암호명, 일명 SAS-1호로 부르기로 잠정 합의했습니다.

그러나 발사 시기가 다가오자 케냐는 발사일을 독립 기념일로 정하고 SAS-1호라는 이름 대신 우후루라는 이름을 붙였습니다. 우후루(UHU-RU)는 아프리카 남동부 지역의 공용어인 스와힐리 어로 '자유'란 뜻입니다.

1970년 12월 12일 마침내 우후루가 발사되었습니다. X선 천체 물리학자들의 온갖 기대 어린 시선을 한 몸에 받고 출발한 우후루는 그들의 기대를 저버리지 않았습니다. 우후루는 1년 동안 지구 궤도를 돌면서 X선 관측을 하도록 설계되었으나, 무려 3년간이나 자신의 임무를 충실히 수행했습니다. 우후루 이전까지의 X선 관련 자료는 우후루가 일주일 동안 보내온 자료에도 미치지 못하는 양이었습니다. 우후루는 X선 천문학에 엄청난 기여를 하였습니다.

백조자리 X-1

블랙홀에 대한 믿음을 확실하게 해 준 천체는 백조자리 X-1이었습니다. 백조자리 X-1은 주목할 만한 X선 천체로 여겨지며 천체 물리학자들로부터 많은 관심을 받았습니다. 그러나 우후루 발사 이전까지는 관측 결과가 충분하지 않아, 연구의 진전이 거의 없는 것이나 마찬가지였습니다.

우후루는 백조자리 X-1의 문제를 빠르게 해결해 나갔습니다. 백조자리 X-1은 강도를 달리하는 복사선을 내놓고 있었습니다. 끊임없는 깜박거림이 계속 이어졌는데, 그것만 놓고 보면 펄서처럼 보이기도 했습니다. 펄서라면 중성자별이란 말입니다. 그렇다면 강력한 블랙홀 후보라고 보았던 예측은 아쉽게도 빗나가고 마는 것입니다.

철저한 분석을 위해 백조자리 X-1에 대한 강도 높은 세밀한 탐구가 의욕적으로 이루어졌습니다. X선 천체 물리학자들의 관심은 일단 X선의 주기에 모아졌습니다.

여기서 사고 실험을 하겠습니다.

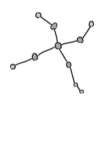

저건이 백조자리이지요.

펄서는 원자 시계에 버금가는 정밀한 자전 주기를 갖습니다.

그러니 백조자리 X-1이 중성자별이라면,

방사하는 X선의 주기는 일정해야 합니다.

그러나 그렇지가 않다면?

블랙홀의 유입 물질 원반 안과 밖에는 중력의 차이가 있습니다.

이것이 유입 물질 원반 내외의 마찰 강도가

다를 수밖에 없는 이유입니다.

맞부딪치는 세기가 다르니,

그 속에서 생성되는 X선의 양은 같을 수 없습니다.

X선의 양이 불규칙하다면, 그 천체는 블랙홀일 가능성이

커지는 것입니다.

　수개월에 걸친 꼼꼼한 분석이 이어졌습니다. 그러나 어떤
자료에서도 백조자리 X-1의 빛 방출은 규칙적이지 않았습니
다. 중성자별에서 나타나는 X선 등대 효과가 나타나지 않은
것입니다.

과학자의 비밀노트

백조 자리

도마뱀자리와 거문고자리 사이에 있는 십자 모양의 별자리이다. 북반구에 있는
큰 별자리로, 9월 하순에 자오선을 통과한다. 육안으로 볼 수 있는 별은 약
200개이며, 다섯 개의 밝은 별이 거대한 십자형을 이루고 있다. 이 별을 연결
한 모습이 꼭 날개를 활짝 펴고 날아가는 백조의 모습을 연상시킨다. 알파성은
백색의 일등성인 데네브이다.

　강력한 전파를 내고 있는 백조자리 A와 X선 천체로 알려진 백조자리
X-1, 행성을 가지고 있는 것으로 추측되는 백조자리 61 같은 흥미로운
천체를 많이 가지고 있다.

X선의 양이 불규칙하다면, 백조자리 X-1은 블랙홀일 가능성이 높습니다.

짝별과 질량

관측한 X선이 불규칙하다는 것은 미지의 천체가 중성자별이 아니라는 강력한 증거입니다. 하지만 그렇다고 해서 그것이 블랙홀이 되기 위한 필요충분조건인 것은 아닙니다. 블랙홀이 아니어도 불규칙한 X선을 내놓는 경우를 우주 곳곳에서 찾아볼 수 있기 때문입니다. X선의 불규칙한 방출은 블랙홀 검증 과정 가운데 하나일 뿐입니다.

1차 관문을 통과했으니, 이제는 2차 관문을 넘어야 하겠죠?

2차 관문은 질량의 적정성 여부입니다. 오펜하이머의 계산에 따르면, 천체의 질량이 태양의 3배 이상이면 블랙홀이 되

어야 합니다. X선 방출을 하는 천체의 질량은 짝을 이루는
이웃별에서 추정할 수가 있습니다.

블랙홀일 것으로 예측되는 백조자리 X-1과 짝을 이루는
별은 HDE226868로 명명되었습니다. HDE226868의 질량은
태양의 20에서 30배가량으로 측정되었고, 5.6일의 공전 주기
를 갖고 있으며, 보이지 않는 천체의 둘레를 회전하고 있었습
니다. 이 자료를 이용하여 보이지 않는 별의 질량을 계산해
보았습니다. 그 별의 질량은 태양의 5~8배가량 되는 것으로
나타났습니다. 미지의 천체가 블랙홀일 가능성이 한층 높아
진 셈입니다.

그러나 이것만으로도 보이지 않는 천체가 반드시 블랙홀이
라고 단언할 수는 없었습니다. 그즈음 재미있는 내기 사건
하나가 터졌습니다.

호킹이 말했습니다.

"블랙홀은 내 연구의 전부라고 할 수 있습니다. 그러므로
블랙홀이 존재하지 않는다면 그 허망함은 이루 다 표현하기
어려울 것입니다. 그래서 블랙홀이 그저 이론의 산물에 불과
할 경우에 대비해, 그 허탈함을 최소화하기 위한 보험을 들어
둘 필요가 있었습니다."

호킹의 내기 파트너는 미국의 천체 이론 물리학자 손이었

습니다. 호킹과 손의 내기 내용은 이렇습니다.

"백조자리 X-1 속 미지의 천체가 블랙홀로 밝혀지면, 호킹은 손에게 미국의 성인 잡지 〈펜트하우스〉 1년 정기 구독권을 기꺼이 주어야 합니다. 반면 보이지 않는 천체가 블랙홀이 아닐 경우, 손은 호킹에게 영국의 만화 잡지 〈프라이비트 아이〉 4년 구독료를 기쁘게 지불해야 합니다."

이 내기를 걸었던 해가 1975년이었습니다. 당시 두 사람은 백조자리 X-1이 블랙홀일 가능성을 80% 남짓으로 예견했으나, 지금은 95% 이상 자신하고 있습니다. 블랙홀에 대한 확신이 그사이에 더욱 강해질 수 있었던 까닭은 감마선의 포착이 있었기 때문입니다.

내가 백조자리 X-1 속 미지의 천체가 블랙홀이라고 확신하는 이유는 거기에서 감마선을 포착했기 때문입니다.

감마선 포착

백조자리 X-1 속 보이지 않는 천체의 질량이 태양의 5~8배로 추정됨에 따라, 그 미지의 천체가 블랙홀일 가능성이 한층 높아졌습니다. 그러나 이것이 블랙홀을 입증해 주는 완벽한 증거인 것은 아닙니다.

왜냐하면 그 질량 추정이란 것이 짝별(동반성)의 질량과 공전 주기를 이용해서 얻은 결과이기 때문입니다. 만에 하나 더욱 정밀한 관측 기기를 사용해서 짝별의 질량과 공전 주기를 측정했을 때 그 값이 다른 값으로 나와서 이전 값을 수정해야 한다면, 보이지 않는 천체의 질량은 태양 질량의 5~8배보다 작은 값이 나올 수도 있는 것입니다. 그렇게 되면 블랙홀보다는 중성자별 쪽에 더 큰 무게를 두어야 하는 상황이 빚어질 수도 있습니다. 그래서 블랙홀의 진위를 밝히기 위한 또 다른 증거가 절실했던 것입니다. 그런데 이 일을 우후루 이후에 띄운 인공위성이 해냈습니다.

1977년부터 1979년에 걸쳐서 거대한 관측 인공위성 3대가 쏘아 올려졌습니다. 이들을 고에너지 천체 물리학 관측대라고 부르는데, 특히 두 번째 것은 아인슈타인 탄생 100주년인 1978년에 발사했다고 해서 아인슈타인 관측대라고 부릅니다.

중성자별은 X선까지 방출
가능하지만,
블랙홀은 X선보다 에너지가
큰 감마선까지
방출이 가능하지요.

백조자리 X-1의 보이지 않는 천체에 대한 새로운 증거를 찾아낸 것은 고에너지 천체 물리학 관측대 3호였습니다.

중성자별이건 블랙홀이건, 물질을 포획하여 나선형으로 끌어당기는 것은 마찬가지입니다. 그러나 중력의 세기가 현저히 달라서, 잡아당기는 강도와 그 잡아당김으로 빚어지는 마찰 효과에는 엄청난 차이가 납니다. 중성자별 주변에선 X선까지가 방출할 수 있는 빛 에너지의 최고인데, 블랙홀은 그 이상이 가능한 것이죠.

X선보다 에너지가 큰 빛은 감마선으로, 블랙홀 주변에서는 이것의 방출이 가능합니다. 그런데 고에너지 천체 물리학 관측대 3호가 이 감마선을 또렷하게 잡아내었습니다.

1988년 초, 천체 물리학자들은 다음과 같은 발표를 했습니다.

"백조자리 X-1에서 감마선이 나오는 곳은 480여 km 내외의 지역인 것으로 생각됩니다. 이 근방에는 온도가 무려 수십억 ℃까지 상승한 기체가 있는 것으로 보입니다. 이 정도의 고온에서는 감마선이 나오게 됩니다."

이렇게 3번째 관문을 통과함으로써 백조자리 X-1은 블랙홀로 거의 인정받게 되었습니다.

선생님, 언제부터 인공위성을 이용해서 블랙홀을 관측했나요?

1970년에 발사한 인공위성 우후루부터 X선을 방출하는 천체의 본격적인 탐사가 시작되었어요.

인공위성은 1~2년 이상 지구 상공에 떠서 X선을 방출하는 천체 탐사에 안성맞춤인 장비예요.

우후루는 우주에서 어떤 일들을 했나요?

3년간이나 지구 궤도를 돌면서 X선 관측을 충실히 수행했지요. 우후루가 일주일간 보내온 자료가 이전까지의 X선 관련 자료보다 더 많답니다.

우후루는 X선 천문학에 엄청난 기여를 하였군요.

블랙홀에 대한 믿음을 확실하게 해 준 천체가 백조자리 X-1이라는 것도 우후루가 알아냈지요.

블랙홀이다!

우후루는 블랙홀에 관한 어떠한 증거를 관측했나요?

백조자리 X-1 속 보이지 않는 천체의 질량이 태양의 5~8배로 추정됨에 따라, 블랙홀일 가능성이 한층 높아졌지요.

이제 블랙홀을 찾아낸 것인가요?

하지만 블랙홀임을 입증하는 완벽한 증거는 아니었지요. 이후에 띄운 인공위성이 감마선을 잡아내면서 백조자리 X-1은 블랙홀로 거의 인정받게 되었지요.

블랙홀을 밝혀내는 일은 진짜 어렵네요.

백조자리 X-1은 블랙홀이 확실해!

호킹

블랙홀 속으로 풍덩

블랙홀 속으로 뛰어들면 어떤 일이 일어날까요?
블랙홀에 빠지면 빛과 소리는 어떻게 변하는지 알아봅시다.

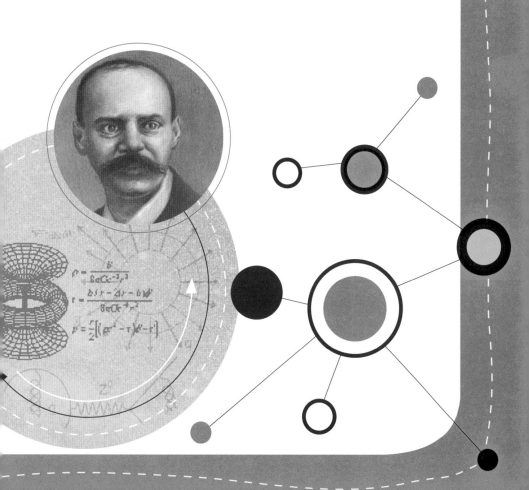

9

마지막 수업

블랙홀 속으로 풍덩

슈바르츠실트가
블랙홀에 대한 사고 실험으로
마지막 수업을 시작했다.

레이저 광선의 방향

블랙홀을 찾았으니, 이제는 그 속으로 풍덩 빠져 볼 차례입니다.

사고 실험을 하겠습니다.

우주선이 블랙홀을 향해 나아가고 있어요.

아직은 블랙홀과 거리가 있어요.

블랙홀의 중력이 거의 미치지 않는 공간에

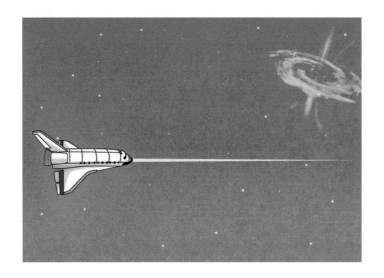

우주선이 위치해 있는 거예요.

우주선 앞쪽에서 레이저 광선이 발사되어요.

레이저 광선은 우주 공간을 그대로 직진해요.

블랙홀이라는 그 누구도 가 보지 못한 괴상한 천체의 중력에

영향을 받지 않으니, 레이저 광선이 발사 방향에서 벗어나지 않

고 쭉 뻗어 나가는 것은 매우 자연스러운 결과입니다.

사고 실험을 이어 가겠습니다.

우주선과 블랙홀 사이가 점차 가까워지고 있어요.

다시 우주선에서 레이저 광선을 발사해요.

레이저 광선이 블랙홀 쪽으로 다소 꺾여요.

블랙홀의 중력을 받기 시작했다는 의미예요.

우주선이 블랙홀을 향해 계속 다가가고 있어요.

블랙홀의 중력이 점점 강해지고 있어요.

우주선에서 발사한 레이저 광선이 이제 상당히 휘어져요.

우주선이 어느 지점에 이르자 발사한 레이저 광선이

우주선 뒤쪽에 닿아요.

레이저 광선이 블랙홀의 둘레를 한 바퀴 회전한 것이에요.

우주선에서 쏜 레이저 광선이 원을 그리는 지점, 이곳은 불빛의 추락과 탈출을 가름하는 중요 분기점입니다. 이 선을 넘어서면 우주선은 다시는 돌아올 수 없는 곳으로 빠져들게 됩니다. 이곳을 여기서는 '원 평형점'이라고 부르겠습니다.

사고 실험을 계속하겠습니다.

우주선이 원 평형점에 멈추어 있어요.

우주선의 앞쪽이 약간 위쪽을 향하도록 동체를 기울였어요.

우주선의 앞쪽에서 레이저 광선이 나와요.

레이저 광선이 원을 그렸을 때보다 높은 각도로 발사한 거예요.

레이저 광선이 휘어지며 블랙홀 둘레를 돌아요.

그러나 레이저 광선이 그리는 궤도와 블랙홀의 간격은

일정하지 않아요.

이 간격이 점점 넓어져요.

레이저 광선의 궤도는 원이 아닌 나선형이에요.

레이저 광선이 제자리로 돌아오지 못하고,

저 멀리 우주 공간으로 빠져나가고 있어요.

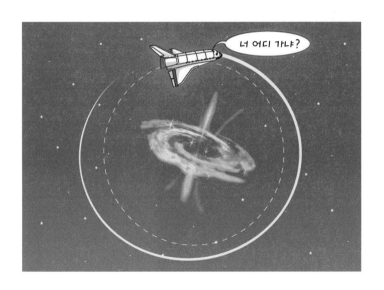

빙글빙글 원을 그리면서 블랙홀에 붙잡히느냐 마느냐의 기로에 섰던 레이저 광선이 탈출에 성공한 것입니다.

다시 사고 실험을 하겠습니다.

이번에는 우주선의 앞쪽이 약간 아래쪽을 향하도록

동체를 기울였어요.

우주선에서 레이저 광선을 발사했어요.

레이저 광선이 원을 그렸을 경우보다 낮은 각도로 나오고 있어요.

레이저 광선이 휘어지며 블랙홀 주위를 돌아요.

레이저 광선이 만드는 궤도와 블랙홀의 거리가 변해요.

이 간격이 점점 좁아져요.

레이저 광선은 원이 아닌 나선형 궤도를 그리고 있어요.

그러나 레이저 광선이 향하는 방향은 밖이 아닌 안쪽이에요.

레이저 광선이 블랙홀 내부로 빨려 들어가고 있는 거예요.

레이저 광선은 블랙홀의 수렁 속으로 흡인되고 만 것입니다. 이렇듯 물체의 위치와 진행 각도가 어떠하냐에 따라서 검은 심연의 나락으로 떨어지느냐 아니냐가 판가름이 나게 된답니다.

그러나 아직은 우주선이 블랙홀의 표면에 도달하지 않았습니다.

다시 사고 실험으로 돌아가겠습니다.

우주선이 블랙홀의 표면을 넘어서요.

우주선의 앞쪽에서 레이저 광선이 나와요.

그러나 레이저 광선은 블랙홀 바깥으로 빠져나오지 못해요.

동체를 상하좌우로 움직이며 레이저를 쏘아요.

하지만 아무리 발버둥을 쳐도

레이저 광선이 블랙홀 중심으로 떨어지긴 마찬가지예요.

중력 반지름을 넘어 블랙홀 속으로 들어가면, 그 내부의 무지막지한 중력을 이길 수 있는 것은 아무것도 없습니다. 그래

서 발사 각도나 발사의 양을 달리하는 등 온갖 묘안을 다 써도 레이저 광선을 블랙홀 표면 밖으로 내보낼 방법은 없습니다.

목소리의 변화

블랙홀에 접근하면 사람의 목소리는 어떻게 변할까요?
사고 실험을 하겠습니다.

우주선이 블랙홀을 향해 떠나고 있어요.
우주선의 함장이 출항의 기분을 전해요.

"모든 게 좋습니다. 완벽합니다."

블랙홀의 중력을 받기 직전에 함장이 말을 전해요.

"어떤 경험을 하게 될지 가슴이 설렙니다."

함장의 목소리는 지구에서 듣던 때와 다르지 않아요.

그러나 블랙홀의 중력권으로 일단 들어서자 사정이 완전히 달라져요.

함장이 노래 부르듯 말해요.

"나는 블랙홀로 뛰어든 최초의 지구인입니다."

그런데 함장의 목소리가 다소 느슨하게 들려요.

그러한 현상은 우주선이 블랙홀에 가까이 다가갈수록 더욱 뚜렷해

져요.

테이프가 늘어지듯 함장의 음성이 더욱 느려져요.

지구에서라면 "나는"이라고 곧바로 들릴 음성이

"나아느은" 이라고 늘어져서 들리는가 싶더니

이제는 "나아아~느으으~은" 이라고 더 길게 늘어져 들려요.

하지만 이렇게라도 함장의 음성을 만날 수 있는 것은, 그가 블랙홀의 중력 반지름을 넘어서기 직전까지입니다. 중력 반지름을 넘어서는 순간 함장이 내뱉은 목소리는 결코 우리에게 다가오지 못하기 때문입니다.

색의 변화

블랙홀에 다가갈수록 불빛의 색깔은 어떻게 변할까요?

사고 실험을 하겠습니다.

우주선이 중앙 상단에 전구를 매달고 블랙홀을 향하고 있어요.

중앙 전구에 불이 들어와요.

전구의 불빛은 노랑이에요.

그러나 블랙홀에 접근하면서 불빛의 색깔이 달라져요.

우주선이 블랙홀의 중력을 느끼기 시작해요.

전구의 불빛은 우리에게 파동의 형태로 다가와요.

전구의 불빛은 진동수가 늘고 파장도 길어져요.

노랑보다 진동수가 높은 색은 주황이에요.

출발 당시에는 노랑으로 보였던 전구의 불빛이 주황으로 관측되지요.

우주선이 블랙홀에 다가갈수록

전구의 불빛이 받는 중력은 더욱 거세어져요.

그만큼 전구 불빛의 진동수와 파장 변화도 현저히 증가해요.

블랙홀에 가까워질수록 전구 불빛의 파장은 더욱 길어져요.

전구는 이제 주황 대신 빨강 불빛을 내보내고 있어요.

우주선이 블랙홀을 향해 더 깊숙하게 진입해요.

이제 전구의 불빛은 보이지 않아요.

그러나 전구의 불빛이 완전히 사라진 건 아니에요.
우리가 볼 수 없는 광선 너머의 색으로
전구의 불빛이 변한 것일 뿐이에요.

인간의 시각 중추가 감지할 수 있는 광선의 범위는 빨주노초
파남보의 가시광선 영역입니다. 그래서 빨강 바깥의 적외선,
파랑 바깥의 자외선은 우리 눈에 감지가 불가능한 투명한 존재
일 뿐이지요. 전구의 불빛이 블랙홀의 중력을 더 받으면, 그 빛
은 적외선 그리고 전파로 변하며 끝내는 블랙홀의 중심으로 빨
려 들어가고 맙니다.

밝기의 변화

블랙홀에 가까워지면서 전구의 밝기는 어떻게 변할까요?
사고 실험을 하겠습니다.

우주선이 블랙홀을 향해 출발해요.
우주선 중앙 상단에 전구가 매달려 있어요.
중앙 전구에 불이 번쩍 들어와요.

전구의 불빛은 변함이 없어요.

블랙홀의 영향권으로부터 아직은 벗어나 있다는 의미예요.

우주선이 블랙홀에 다가서고 있어요.

중력이 서서히 느껴져요.

전구가 방출한 불빛의 일부가 블랙홀의 중력에 이끌려 들어가요.

전구의 밝기가 다소 약해져요.

우주선과 블랙홀 사이의 거리가 더욱 가까워져요.

중력이 굉장한 세기로 작용하고 있어요.

블랙홀이 전구의 불빛을 잡아먹고 있어요.

전구는 상당히 어두워져요.

우주선이 블랙홀 표면에 이르러요.

전구는 빛을 거의 방출하지 못해요.

우주선이 중력 반지름을 넘어서요.

전구의 불빛은 물론이고,

전구 자체가 아예 우리의 시야에서 완전히 사라져요.

전구에는 아무 문제가 없습니다. 우주선이 블랙홀을 향해 출발할 때에도, 우주선이 블랙홀 표면에 다가설 때에도, 전구는 여전히 같은 세기로 불빛을 방출했지요. 그런데 전구의 밝기가 변합니다. 그 이유는 우주선이 블랙홀에 다가갈수록,

블랙홀의 중력이 전구가 방출한 빛을 더욱 많이 포획하여, 우리에게 다가오는 불빛이 줄어들기 때문이랍니다.

전파의 변화

블랙홀에 접근하면 우주선이 내보낸 전파는 어떻게 변할까요?

사고 실험을 하겠습니다.

우주선이 출발 준비를 하고 있어요.

우주선은 중간중간 전파를 보내서,

위치와 주변 상황을 지구로 보고할 예정이에요.

출발에 앞서 우주선이 전파를 보내요.

아무 문제 없이 전파는 지구에 도착해요.

우주선이 블랙홀의 중력권에 들어서요.

우주선이 전파를 지구로 발사해요.

전파에 변화가 생겨요.

블랙홀이 내뿜는 중력의 힘에 눌려

전파의 맥동하는 힘이 다소 약해져요.

전파의 진동수가 느려진 거예요.

진동수란 일정 시간 동안 진동하는 횟수입니다. 진동수를 흔히 주파수라고도 하는데, 주파수가 900만 Hz라는 것은 1초 동안에 900만 번을 진동한다는 의미입니다.

진동수가 줄어들었다는 것은, 파동의 길이가 늘어났다는 뜻입니다. 다시 말해서, 전파의 파장이 길어졌다는 의미입니다. 이것을 두고 파동의 진동수와 파장은 반비례한다고 말하지요.

사고 실험을 이어 가겠습니다.

주파수가 900만 Hz라는 것은
1초 동안에 900만 번을 진동한다는
의미입니다.

우주선이 블랙홀을 향해 나아가요.

우주선이 전파를 내보내요.

전파가 받는 중력의 영향이 더욱 거세어져요.

전파의 진동수가 눈에 띄게 감소해요.

그에 따라서 전파의 파장도 길어져요.

우주선이 블랙홀 표면에 다다라요.

우주선은 여전히 전파를 보내고 있어요.

그러나 우주선이 보낸 전파를 지구에서는 거의 잡을 수가 없어요.

블랙홀의 거대한 중력 감옥에 전파가 거의 갇히다시피 되었기

때문이에요.

그러나 우주선이 표면을 넘어서 버리면 이마저도 끝이에요.

전파는 우주선과 함께 다시는 되돌아올 수 없는
중력의 깊은 심연 속으로 깨끗이 사라지고 마니까요.

전구와 마찬가지로 우주선의 전파 송신 장치에는 그 어떤 문제도 없습니다. 출항할 때나, 블랙홀의 중력 반지름에 접근 했을 때나, 우주선은 변함없는 주기로 전파를 쏘았지요.

그러나 전파의 진동수와 파장은 블랙홀에 다가가면 갈수록 현격한 변화를 보입니다. 블랙홀의 중력 앞에 무기력해지는 건 비단 전파뿐만이 아닙니다. 적외선과 가시광선도 마찬가 지이고, 자외선과 X선, 감마선도 다르지 않답니다.

차등 중력 효과

블랙홀에 접근하면 사람은 어떻게 변할까요?
사고 실험을 하겠습니다.

중력은 거리에 반비례하는 힘이에요.
그래서 중력 중심에서 멀리 떨어져 있을수록
중력을 약하게 느끼는 것이지요.

그렇다면 지표에 서 있는 인간의 발과 머리에 작용하는 중력은
당연히 차이가 나야겠죠?

그러나 우리는 그 차이를 거의 감지하지 못해요.

이유가 뭘까요?

그건 지구 중력이 그다지 강하지 않기 때문이에요.

지구 중력이 약하기 때문이라면 중력이 월등하게 강한 곳에서는 분명
그 차이가 확연히 드러날 거예요.

그렇습니다. 중성자별이나 블랙홀 같은 곳에서는 발바닥과
정수리 부근에서 느껴지는 중력이 거의 극단적으로 다르게
나타납니다.

사고 실험을 이어 가겠습니다.

그가 블랙홀로 뛰어들어요.

다리가 블랙홀 중심에 더 가까운 자세예요.

그의 발과 머리에 느껴지는 중력이 달라요.

그의 발과 머리 사이는 불과 3m를 넘지 않아요.

하지만 발과 머리에 작용하는 중력의 차이는 가히 가공할 만해요.

발이 블랙홀 중심에 더 가까우므로 더 강한 중력을 받기 때문이지요.

위치에 따라서 달리 받는 중력을 '차등 중력(Differential Gravitation)'이라고 합니다.

다시 사고 실험을 하겠습니다.

그는 차등 중력을 받고 있는 거예요.

그의 몸 곳곳이 늘어나요.

다리 근육과 뼈는 길게 늘어나고,

머리 근육과 뼈는 그보다 짧게 늘어나요.

차등 중력 효과는 그가 블랙홀 중심에 가까이 다가갈수록

더욱 강해져요.

늘어나고 늘어나다 못해,

결국 그의 몸이 차등 중력 앞에 무릎 꿇어요.

그의 몸은 바위에 산산이 부서진 파도의 물거품처럼 분해되고 말아요.

블랙홀에 대해 우리가 알고 있는 것은 새 발의 피라 해도 과언이 아닐 만큼 아주 적습니다.

이제 여러분이 블랙홀의 남은 신비를 밝혀 주었으면 합니다.

선생님, 여기가 어딘가요?

지금부터 블랙홀에 접근하면 무슨 현상이 생기는지 보여 줄게요.

우주선 안에 설치된 전구의 불빛이 블랙홀에 다가갈수록 어떤 색깔로 변화하는지를 관찰하는 실험이에요.

정말 재미있겠는데요.

현재 우주선 전구의 불빛은 노랑이에요.

잠시 후 블랙홀에 접근할수록 불빛의 색깔이 달라져요. 잘 보세요.

선생님, 전구의 불빛이 노랑에서 주황으로 바뀌었어요.

전구의 불빛은 우리에게 파동의 형태로 다가와요. 우주선이 블랙홀에 다가갈수록 전구 불빛이 받는 중력은 세져 진동수와 파장 변화도 증가한 것이지요.

우주선 전구는 이제 주황 대신 빨강 불빛을 내보내고 있어요.

블랙홀에 가까워질수록 전구 불빛의 파장은 더욱 길어진답니다.

이제 전구의 불빛이 잘 보이지 않아요!

하지만 전구 불빛이 완전히 사라진 건 아니에요. 우리가 볼 수 없는 광선 너머의 색으로 변한 것일 뿐이지요.

슈바르츠실트는 독일의 유능한
천체 물리학자 중 한 사람입니다.
소년 시절부터 수리에 능통하였
으며, 16세에 천체 궤도에 관한
논문을 발표할 정도로 능력이 뛰
어났지요.

　1901년에는 괴팅겐 대학의 교수와 천문대 대장이 되었고,
1909년에는 포츠담의 천체 물리학 연구소 소장으로 임명되
었습니다.

　슈바르츠실트의 초창기 연구는 별의 등급과 별의 색깔 측
정 및 태양 광선의 스펙트럼을 분석하는 데도 기여했습니다.
후에는 천체의 사진 관측술을 개척한 외에 태양 대기의 복사
평형을 논하였고, 항성 운동의 통계적 연구로부터 속도의 타

원체 분포를 발견하여 은하 구조에 기초 자료를 제공하였습니다.

1914년 제1차 세계 대전이 일어나자 슈바르츠실트는 조국에 대한 충성심으로 자원 입대했습니다. 그러나 러시아에 머무는 동안 천포창이라는 피부병에 걸렸습니다. 이것은 수포가 터져 출혈과 통증을 동반하는 질병으로 당시에는 불치병이었습니다.

슈바르츠실트는 전쟁과 질병이라는 악조건 속에 틈틈이 아인슈타인의 중력장 방정식과 씨름한 끝에 마침내 그 답을 얻었습니다. 그는 그것을 베를린의 아인슈타인에게 보냈습니다. 아인슈타인은 놀라워했습니다. 이렇게 간단한 방법으로 중력장 방정식의 해를 유도해 낼 수 있으리라고는 생각지 못했던 거지요.

슈바르츠실트는 그 후로도 아인슈타인 중력장 방정식의 또 다른 해를 찾기 위해 노력했으나 건강이 나빠져 이루지 못했습니다.

저서로는 《괴팅겐 광도 측정》이 있고, 수학과 이론 물리학에도 약간의 논문이 있으며, 상대성 이론 및 초기의 양자론에 관한 연구도 있습니다.

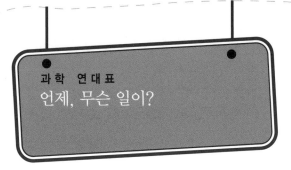

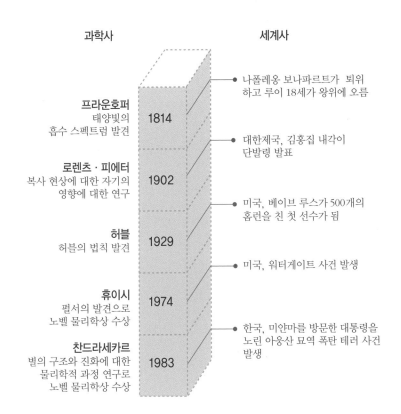

과학사

세계사

● 나폴레옹 보나파르트가 퇴위
  하고 루이 18세가 왕위에 오름

프라운호퍼
태양빛의
흡수 스펙트럼 발견

1814

● 대한제국, 김홍집 내각이
  단발령 발표

로렌츠 · 피에터
복사 현상에 대한 자기의
영향에 대한 연구

1902

● 미국, 베이브 루스가 500개의
  홈런을 친 첫 선수가 됨

허블
허블의 법칙 발견

1929

● 미국, 워터게이트 사건 발생

휴이시
펄서의 발견으로
노벨 물리학상 수상

1974

● 한국, 미얀마를 방문한 대통령을
  노린 아웅산 묘역 폭탄 테러 사건
  발생

찬드라세카르
별의 구조와 진화에 대한
물리학적 과정 연구로
노벨 물리학상 수상

1983

1. 가시광선 중에서 파장이 긴 파는 ☐☐ 색이고, 파장이 짧은 파는 ☐☐ 색입니다.
2. 빛의 ☐☐☐ 효과를 이용하면 천체가 멀어지고 있는지 다가오는지를 알 수 있습니다.
3. 전자가 중력 수축을 이기지 못하고 원자핵 속으로 밀려 들어가면 양성자와 결합해 ☐☐☐ 로 변합니다.
4. 펄서를 한국어로는 맥박이 뛰듯 전파를 발하는 별이란 의미로 ☐☐☐ 이라고 합니다.
5. 태양과 지구의 공통 질량 중심은 ☐☐ 안에 만들어집니다.
6. 가스의 온도가 수백만 ℃에서 1,000만 ℃까지 올라가면 강력한 ☐ 선이 나옵니다.
7. 위치에 따라서 달리 받는 중력은 ☐☐ 중력이라고 합니다.

1. 빨강(빨간), 파랑 2. 도플러 3. 중성자 4. 맥동성 5. 태양 6. X 7. 기조

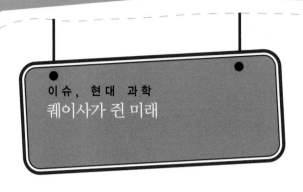

대부분의 퀘이사는 수십억 광년이나 떨어져 있습니다. 140
억 광년이나 멀리 있는 퀘이사도 알려져 있지요.

퀘이사는 이렇게 너무 멀리 떨어져 있다 보니 관찰이 쉽지
않습니다. 하지만 그것이 무조건 나쁜 것만은 아닙니다. 좋
은 점도 있지요. 그 이유를 알아보겠습니다.

저 멀리 아득한 곳에 퀘이사가 가물가물 보입니다. 그곳까
지 거리를 계산해 보니 무려 150억 광년이나 됩니다. 우주가
태어난 지 150억 년쯤인 걸로 알려져 있으니 그 퀘이사는 우
주의 나이와 비슷한 거리에 존재하고 있는 셈입니다.

빛은 무한히 빠르지 않습니다. 그래서 우주를 날아가는 데
시간이 걸리지요. 빛이 1년 동안 날아가는 거리를 1광년이라
고 하잖아요. 150억 광년 떨어진 퀘이사를 우리가 볼 수 있
는 이유는 그것이 내보낸 빛 때문입니다. 퀘이사는 150억 광

년 멀리 있으니, 퀘이사가 방출한 빛이 지구까지 도달하는 데는 150억 년이 걸립니다. 이것은 바꾸어 말하면 우리가 현재의 퀘이사가 아니라 150억 년 전의 퀘이사를 보고 있다는 뜻이기도 합니다. 우주가 막 태어났을 무렵의 퀘이사를 말입니다. 그 빛 속에는 우주 초창기의 비밀이 담겨 있을 테니, 퀘이사가 보낸 빛을 분석하면 우주 초창기의 모습을 알아낼 수 있을 겁니다.

퀘이사의 빛이 지니고 있는 비밀은 이것뿐만이 아닙니다. 퀘이사의 빛은 광활한 우주 공간을 거치면서 은하나 은하 집단을 무수히 지나오게 됩니다. 그래서 퀘이사의 빛을 분석하면 은하에 대한 적잖은 정보를 얻을 수 있습니다. 실제로 Q2145 + 06이라는 퀘이사를 분석하자 100억 광년 떨어진 거리에 젊은 은하가 있고, 그 둘레로 가스가 드넓게 퍼져 있음을 알게 되었습니다.

그리고 종종 퀘이사의 빛 속에 은하의 것이라 볼 수 없는 흔적이 남아 있곤 하는데, 그것은 은하로 자라지 못한 가스 구름입니다. 퀘이사의 빛을 통해 은하가 되지 못한 천체를 알게 된 셈이지요.

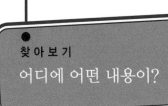